ちくま学〔

生物学のすすめ

ジョン・メイナード゠スミス
木村武二 訳

筑摩書房

THE PROBLEMS OF BIOLOGY
by John Maynard Smith
© 1986 John Maynard Smith
This translation is published by arrangement with
Oxford University Press.

本書をコピー、スキャニング等の方法により無許諾で複製することは、法令に規定された場合を除いて禁止されています。請負業者等の第三者によるデジタル化は一切認められていませんので、ご注意ください。

まえがき

　この本を書かないかという依頼はオックスフォード大学出版局のヘンリー・ハーディによってもたらされました．私は2つの理由でその気になりました．理由の第1は，バートランド・ラッセルの名著『哲学の諸問題』に比肩されるような書物に挑戦できるかもしれないということでした（訳注　この本の原題は *The Problems of Biology* であり，ラッセルの本は *The Problems of Philosophy*）．第2の理由はもっと重要で，私自身若い頃にエディントン，ジーンズ，アインシュタイン，ホールデン，ウェルズといった人びとの一般向けの本を読んだ経験から考えて，自然科学の基本的な考え方は，それを理解しようと努力することを志す人たちになら，必ず説明できるものなのだという信念を持っていたからです．また，科学の基本を理解するということは大変すばらしい，また実りある経験であることも確信していたからです．

　この本で，私はあまねく認められている事実よりも，まだ解明されていない諸問題を中心にして書こうと努めました．しかし，これが難しいことはすぐ分りました．答えられないことについて論じるには，まずどこまでなら答えら

れるかを，述べる必要があります．生物学では，未解決の主要な問題，特に発生とか認知について立ち入って考えるためには，まず分子遺伝学や神経生理学についてある程度の知識が必要になります．現在，生物について最も細部まで知られていることといえば，遺伝現象の分子的本質についてでしょう．したがってこの知識についてどうしてもこの本の前の方で説明しなければなりませんでした．しかしこのことは，DNAの複製やタンパク合成のことを知らない読者をたじろがせると同時に，よく知っている読者を退屈させてしまう危険を犯していることでもあります．後者に属する読者に対しては，第2章は軽く読み飛ばすことをお推めします．前者に属する読者へは，第2章を理解しようと努力することに大きな意義があることを保証します．

　しかし，生物学の多くの問題は分子のレベルでは説明できません．その場合，2つの違うとらえ方が可能です．もっとも，この2つのどちらをとるかが世界観の違いによるととるべきか，それとも単に研究上の方針の違いによると考えるべきかは私にもよく分りません．1つは，分子レベルの研究が遺伝の本質を明らかにし，また現在，脳の働きや発生のしくみに関しても進展しつつあるという基本に立つことです．このように考えれば私たちのなすべきことは，今では可能となった遺伝的な操作技術を利用して分子レベルでの研究を推進することであるということになります．たとえば発生のときに起る形の変化の問題は，今のところどうすれば遺伝的な解析が可能なのか分っていません

が，過去30年の進展を考えればいずれは可能になるでしょう．

　第2の考え方は，生物体全体の性質はその部分部分についての知識からは説明できないという考えに立つことです．だとすれば発生，行動，知覚などの現象についてはそれらを直接研究対象とし，そのレベルでの法則性を探求すべきであるということになります．これらの法則性は，いずれ分子レベルで説明できるようになるかもしれませんが，分子生物学をもとにして得られることはないのです．たとえば，物の売買には個人の意思決定が働き，その意思決定は脳の神経活動の結果であるからといって，経済学の法則を神経生理学をもとにして知ることはできないのです．

　私は中立的な立場をとります．多くの問題は両端から攻めて行って中央で出会うように試みることでうまく解決するものです．このことについては第8章でも説明します．生物学での未解決の問題について，私はこのような2方向からの研究が必要だと確信しています．しかし，中立的な立場をとれば両派から憎まれ，軽蔑されることにもなります．ですからそのような敵意をかわすために少し述べさせてもらいます．

　最初に分子生物学者に対する弁明を述べます．この分野の人びとは全体論的な考えを嫌い，またそういう態度が正しいと評価される場合が多いのです．しかし，全体論的アプローチは2通りあり，それらを注意深く区別しなくては

なりません．その1つは私がごく当然と思うもので，高次のレベルで研究している人にしか発見できないような高次の現象が存在するという考え方です．たとえその現象が物理学や化学と矛盾せず，やがては物理化学的に説明できるものであるとしてもです．典型的な例は遺伝の法則についてのメンデルの発見で，これは分子生物学をもとにしたものではありませんでしたが，その後分子的な説明がなされるようになりました．もう1つは非論理的な考え方で，現在理解できない現象があるということは，その原動力として生命力があるに違いないという主張です．かつて遺伝を化学的に説明することが不可能であった頃，このような説明がなされたことを私は記憶しています．もちろん，現在知られていないような種類の力の存在を否定するすべはありませんが，何かが理解できないからといっても，それがそのような力の存在の証拠になるわけではありません．私はミシンがどういうふうに動くのかは知りませんが，だからといって位相幾何学の法則があてはまらないとは思いません．ミシンを分解させてもらうことができればすぐ分ると信じているのです．分子生物学者が生命力を信じないのは正しいことです．

　全体論者の立場は，最近の学問の進歩が全体から部分への方向よりは部分から全体への方向でずっと急速であることによって弱まりつつあるように私は感じます．しかし，生物体やその集団全体の研究によってしか見出せない法則があるのだという彼らの信念は私の信念でもあります．私

自身の仕事の大部分もこのレベルでのものなのです．生物体を丸ごと研究している者は分子生物学に対してどのような姿勢をとるべきでしょうか．われわれが分子生物学を否定するようなことがらを見出しつつあるなどと論じるのはばかげたことです．そうではなく，ここにいつかあなた方があなた方の言葉で説明しなくてはならなくなる現象がありますよというべきでしょう．

この本の中でほとんど論じていない分野があります．それは生態学です．生態学に含まれる重要な理論の1つは自然淘汰による進化であり，これについてはもちろんこの本の中でも述べています．しかし生態学には現代生物学とりはむしろ経済学と共通点の多い考え方がいろいろあるのですが，それについては触れていません．それは，これらの経済学的な理論はこの本の他の部分で述べている諸概念とはあまりにも隔っているため，それらを扱うことによって全体像が混乱するのではないかと私が恐れたためです．

本書では生物学で私が基本的であると思う諸概念と，そこでまだ解決していない主な問題点を示そうと試みました．あるものについては研究の歴史についてもいくらか触れましたが，思想史について述べる努力はしませんでした．過去のことは，現在を理解するためにだけ用いました．また，私の記述を裏づける文献についてもいちいち挙げていません．詳細な参考文献は専門家だけが必要とするものですし，そういう人たちなら，それらを見出す手段を知っているはずですから．何人かの科学者の名前を登場さ

せていますが，それは科学というものが石に刻まれているのではなく人間の営為であるということを単に示したかったからです．登場する人名はある程度私が気ままに選んだもので，慎重に功績を評価してのものではありません．付け加えたい考え方で，私にとっては興味深いものでも，本文中に述べると流れを悪くするようなものは注で述べてあります．

　この本を書く気にさせ，完結させるよう励ましてくれたヘンリー・ハーディーに感謝します．また，サセックス大学の私の同僚たちは，この本に述べられている考え方や議論について基本的な面で支えてくれました．彼らの内2人については名前を挙げさせてもらいます．ポール・ハーヴェイは原稿をすべて読み，多くの有益な助言をくれました．ブライアン・グッドウィンには私は何も見せませんでした．見せたら全部書き直させられるのではないかと心配だったからです．しかし，私たち2人のことを知っている人びとなら，この本の多くの部分が2人の間で論争の的になっていること，そして，それらの部分に関しては彼に口をはさませるわけにはいかないことを分ってもらえると思います．

　　　　　　　　　　　　　　ジョン・メイナード＝スミス

目 次

まえがき ……………………………………………… 3
1章　生命とは何か ………………………………… 13
2章　遺　伝 ………………………………………… 26
3章　性，組換え，生命のレベル ………………… 53
4章　自然のパターン ……………………………… 74
5章　進化生物学の諸問題 ………………………… 89
6章　安定性と調節 ………………………………… 107
7章　行　動 ………………………………………… 128
8章　脳と知覚 ……………………………………… 153
9章　発　生 ………………………………………… 175
10章　生命の起源 …………………………………… 193

注　218
訳者あとがき　228
文庫版訳者あとがき　231
索　引　234

生物学のすすめ

1章 生命とは何か

　宇宙旅行が現実のものになっている現在,「あるものをみたとき,それが生きているかどうかをどうやって決めればよいのか?」という問いに答えるのは前にもましてめんどうになってきました.もし,地球以外の世界にゾウやナラの木ほど大きく,同じくらい複雑なものがいたとしたら,私たちはそれらを生きものであるとかなりの自信をもって判断できるでしょう.しかし,バクテリアやウイルスのように小さく,比較的単純なものがいたとしたら,確信をもって判断することは困難です.でも,これは私たちの考え方によるよりは,むしろ私たちの感覚器官がそれに追いつかないためです.もしも私たちが電子顕微鏡に負けないような目を持っていたとしたら,バクテリアだって生きていると認めるのではないでしょうか.

　生きているかいないかの判断の基準をもっと正確に決められるでしょうか.生きものには,私は次の2つの特徴があると考えます.

　(1) 生物の形は一定に保たれていますが,それを形作っている元素や分子はたえず入れかわっています.いいかえれば,生物は「代謝」を行います.

(2) 生物のからだの各部分は「働き」（機能）を持っています．つまり，各部分は全体の維持と生殖とに役立っています．あなたの足は歩くためのものですし，心臓は血液をからだ中に送るためのものです．またタンポポの綿毛は種子を遠くへばらまく役に立っています．

生物学の主要な分野は生物のこの2つの特徴に関係しています．生化学や生理学は前者に，そして遺伝学や進化理論は後者に関する学問です．私はこの章で，この2つの概念をもっと正確にし，この2つがどのような関係にあるか，またはたしてそれらが生物に特有のものであるのかを考えることにします．

エネルギーの流れ

含まれている分子が入れ代っても形が一定であるという特徴は，生物だけに備わっているわけではありません．生きものでない2つの例を挙げてみましょう．洗面槽の底の栓を抜くと，たまっていた水は抜けて行きながら回りはじめ，空気の小さな円筒を取りまく回転体となります．つまり渦巻きができます．水を少しずつ足して槽の中の水の量を一定に保つようにすれば，水がどんどん底の穴から抜けて行っても渦巻きの形は一定に保たれます．もう1つの例としてガスバーナーを考えます．火をつけると炎は一定の形や色合いを，ガスが補われる限り保ち続けます．

炎も渦巻きも「散逸構造」の例です．このような構造はその維持にたえ間ないエネルギーの補充を必要とし，また

構造自体，エネルギーを消費するようにできています．エネルギーの補給が止まれば，構造はたちどころに消えうせてしまいます（この点で，これらの構造を維持するのに必要な条件は，建造物や雪の結晶の形を維持するのに必要な条件とはまったく違ったものであるといえます．建物や結晶はエネルギーの補給がなくともかなり長持ちしますから）．

ところで，生物はどの程度まで散逸構造であるといえるでしょうか．生物体では，渦巻きや炎のようにそこに含まれるすべての元素が流動しているわけではありません．大きな分子（タンパク質や核酸）の中には一生のあいだ留まっていて，それを構成する元素も始めから終りまで同じものがたくさんあります．しかしどの程度不変なものがあるかは場合によってさまざまで，生物間ではたとえば昆虫の成虫は脊椎動物より変化が少なく，生物体の部分でいうとあなたの脳の方が小腸よりも変化が少ないのです．また，分子の種類によっても違いがあります．極めて複雑な生物（たとえば昆虫）の中にも，凍結乾燥してすべての化学反応を停止させても，また生き返ることができるほど，入れ代りの少ない分子構造でできているものがあります．

このような事実にもかかわらず，生きている状態を保つのには生体システムにたえ間のないエネルギーの流れが通過することが必要なのです．凍結乾燥した虫は生きているとはいえません．それは生きていたのであり，また多分再び生き返るであろうものです．エネルギーは，それが適当な化学物質の形であれ，あるいは光という形であれ補給さ

れねばならず，どちらの場合でも生物体の構造内に元素がたえず入り込みまた出つづけるのです．渦巻きや炎と違う点は，どんなに単純な生物でもはるかに複雑な構造を持ち，またそこを通過するエネルギーの流れが調節されているという点です．この調節は，前に述べた高分子物質と，それによって形作られているもっと大きな構造がいつも存在していることによって可能となっています．この調節がどのように行われているかということが，生化学と生理学の主要な研究課題になっているのです．

生物体の機能

　この「調節」という言葉が出て来たことで私たちは生命の第2の特徴，すなわち生物体ではその各部分が全体の生存のために働いているという特徴に行き当ります．調節のもっとも単純な例として蒸気エンジンの調速機が挙げられます．エンジンの力が強くなると調速機の外側の腕の回転半径が遠心力で拡がり，それによって蒸気の流れが抑えられ，エンジンのスピードが調節されます．

　機械と生体との間にみられるこのような対応関係は自然神学，すなわち神学の一派で，自然界を考えることによって生まれる信仰に理由づけをしようとする学問の主張の中心の1つとなりました．ヴィクトリア朝の著名な自然神学者，ウィリアム・ペイリーは次のように論じています．機械を見れば，それが目的を持つことは明らかである．たとえば時計ならその目的は時を知らせることである．このこ

とから時計は計画された制作物であり，そこには設計者がいたと結論できる．生物体でも各部品がみな働きと目的を持っているという特徴があることを考えれば，やはり生物は設計されたものであると考えられ，設計者である神の実在へと帰結する．

現代の生物学者が機能というものをどう説明しているかを述べる前に，神学者の考えと生物学者の考えの違いを1つだけ取り上げてみます．われわれ生物学者は，たとえば心臓が機能を持つことには同意します．しかし，どうして心臓がその機能を持つようになったのかという点に関して意見が異なるのです．ところでゾウやナラの木は機能を持っているでしょうか？ 私の答えは否です．ゾウが何のために存在するかを問うのは，電子が何のために存在するかを問うのと同じくらい無意味です．しかし神学者の中には，この世は人間が生きるために創られたものであり，したがって動物たちも目的，すなわち人間の役に立つという目的を持っていると考える人がいます．「アザラシは何のためにいるのか？」という問いに，ある神学者は「彼らはホッキョクグマの餌になるためにいるのである．なぜなら，アザラシがいないとクマたちが南へやって来てわれわれを食べてしまうからだ」と答えました．この答えがはてしなくさかのぼる議論（「ではホッキョクグマは何のために？」等々）に導いてしまうことも問題ですが，それをさておいても，生物学者はこのような人間中心の推論を認めることはしません．生物を形作る部分が機能を持つこと

と，生物体全体または生物集団が機能を持つこととの間のこのような区別については第5章でまた述べることにします．

でも，私は，たとえゾウについては意見が一致しないにしても，心臓が機能を持つという点ではペイリーに同意します．しかし，われわれ生物学者はもはや設計者うんぬんの考え方には同意することはありません．なぜなら生物体の各部分がどのようにして機能を持つようになったかについては代りの説明ができるからです．この，代りの説明とは自然淘汰にもとづくダーウィンの進化論です．

ダーウィンの進化論

ダーウィンの説は次のように言い表わすことができます．増殖し，変異し，遺伝する性質をもったものの集団が存在し，ある変異がそれを持っているものの生存と増殖の成功率に影響をもたらすなら，その集団は進化する，といえます．つまり，集団を構成するものたちの性質が時とともに変化することになります．上にあげた3つの特徴を説明すると，増殖とは1つのものから2つのものができるということで，変異とは集団がまったく同じもので構成されてはいないということです．また遺伝とは「カエルの子はカエル」ということを意味します．進化のこの過程は図1のように表わせます．大切なことは増殖が起きる時，AはAを生み，BはBを生むのが普通だということです．しかし，もし遺伝が大変正確に行われると進化的な変化は起

りにくくなり，ついには停止してしまいます．進化が継続するには遺伝が不正確で時どき新しい変異体が生じることが必要です．

このような集団については，進化が起るだろうといえるだけでなく，どのような変化が起るかについても予想できます．そのような集団は，生き残り生殖することに役立つような性質を持つ構成員で占められることになるであろうといえます．とはいえ，このような集団でもすべての進化の道すじが予測できるわけではありません．というのは，進化の過程はそこで起る変異の種類によって左右されるからです．それでもわれわれは生物が自然淘汰によって，生きそして生殖することに役立つ器官を持つようになること，つまり「機能」を有する部分を持つようになることを期待できます．

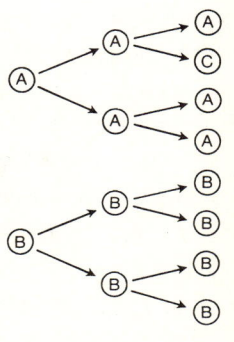

図1 遺伝と変異
遺伝とは増殖に際して親と似たものが生れることです．すなわちAはAを，BはBを生みます．変異とはこの規則が時どき破られることで，AからCが生れるのがその例です．

このような形で公式化されている進化論は，科学哲学者のカール・ポパーによっていわれている意味では，反証可能な科学理論ではありません．ポパーによれば，科学理論とはその理論が誤りであると証明することに使えるような

事象をすべて否定できるようなものでなければならないのです．上で公式化した形でのダーウィン説は反証可能ではありません．この説は論理的帰納法によるものです．つまり，あることが正しければ進化が起るという考え方なのです．しかし，科学理論は論理的必然性についてだけ語るものではなく，この世界について何かを語るものでなければなりません．検証可能なダーウィニズムはさまざまな形で表わすことができます．ここではまず，ダーウィン自身が提唱した考え方を述べ，ついで今日多くの生物学者が確信している「ネオ・ダーウィニズム」の考え方を示すことにします．

　ダーウィンの説は2つの主要な部分から成っています．第1は，地球上のあらゆる生物は1つまたは少数の単純な祖先形から変化しつつ由来した子孫であるという考えです．ダーウィン説のこの部分は，ときには進化の「事実」とも呼ばれ，今日の生物学者からほとんど異議なく受け入れられています．第2は，進化的変化の主要な（しかし唯一ではない）原因は自然淘汰であるという考えです．補助的な原因として，ダーウィンは「用不用効果」を受け入れました．きわめて簡略化していえば，彼は生物が一生の間に特徴（生物学者は「形質」と呼びます）の変化を身につけ，それを子孫に伝えると考えたのです．

　変化した子孫という主張は明らかに反証可能です．J. B. S. ホールデンもいっているように，カンブリア紀の地層からウサギの化石が一頭発見されれば十分でしょう．な

ぜなら現在最初の哺乳類の化石はカンブリア紀より4億年も新しい地層からしか見つかっていないからです．一方，自然淘汰が進化の要因の1つであるという説は簡単には反証できません．もし生物が増殖，変異，遺伝の3つの特徴のうちその1つを欠いているということでも証明できれば反証となりますが，そんな反証を試みた人はだれもいません．

　私はダーウィンを厳密にポパー学説の鋳型にはめようと試みるのは誤りだと思います．ポパーの哲学は所詮は物理学の研究に由来するものなのです．進化が起ったのだというダーウィンの主張は確かにポパーの規範にあてはまります．しかし，自然淘汰についてはそうではありません．なぜならダーウィンは自然淘汰をいくつかの可能な機構の1つとして挙げたのであって唯一のものとはしなかったのであり，淘汰で説明できない現象があれば他の説明をすればよいのですから．後で述べますが，現在の進化理論は，適応について自然淘汰に代る説明をもはや受け入れなくなっていますから，よりポパーの規範にあてはまる傾向にあります．

ダーウィン説の発展

　ダーウィンの進化学上の位置は次のように要約できます．彼は生物が特定の環境で生きられるよう適応していて，生きることに役立つよう働く部分を持っているということに注目することから出発しました．つまり彼の出発点

は，進化説は適応を説明できるものでなければならないという考えです．自然淘汰の説で，彼は生物が増殖，変異，遺伝という性質を実際に持っていることを指摘し，それによる必然的な結果として生物は生存のために適応するようになると考えました．つまりダーウィンは，生殖に関して得られる知見と，適応についての知見とが必然的につながっていることを示したのです．

　私たちは遺伝理論を知っているという点でダーウィンと異なります．遺伝については次章で説明します．この違いによって，ダーウィンの説は2つの主要な方向へと発展しました．

　(1) 後でくわしく述べるように，私たちは今や個体が一生の間にある器官を使用したかしないかによって起った変化が，その個体の子供の性質を変えるとは考えません．つまり「獲得形質の遺伝」が進化の原因になるとはもはや考えていないのです．そして，自然淘汰が単に最も重要な進化の機構であるのではなく，ただ1つの機構であると考えているという意味で，私たちはダーウィン以上のダーウィン主義者であります．

　(2) 私たちは進化の他の可能な原因により興味を持っています．多くの可能性があります．第1に，生存や生殖にあまり関係のない形質では基本的にランダムな変化（「遺伝的浮動」とか「非ダーウィン進化」などと呼ばれます）があります．第2に，自然淘汰の対象となるのは個体ではなくもっと大きな総体（集団）またはもっと小さな総体（遺伝

子またはその集団）であるかもしれません．第3に，情報が世代から世代へ遺伝的に伝えられるだけでなく，文化的に伝えられることによっても変化が生じます．

これらは本質的な変化というよりは力点の変化というべきです．中心は依然として生物は生存と生殖を保証するような部品を持つようになるはずであるというダーウィンの考えに置かれています．このことから，生命とは自然淘汰によって進化できるような特質を保有することであると定義すべきだとも考えられます．ということは，増殖，変異，遺伝という3つの特徴を備えたものが生きものであり，これらのうち1つでも欠いていたら生きものではないということになります．

この定義については，考えなければならないことがたくさんあります．たとえば炎が生きているかどうかを例にして考えましょう．1つの答えとして，なるほど炎は物質の入れ代りにもかかわらず一定の構造を保ちはするが，その構造は生きているとするには余りに単純であるから生きものではないという答え方もあります．しかしこのような答えは，それではどれだけ複雑なら生きているといえるのかという問題を残してしまいます．もっとはっきりした答えは，炎は生きていない，なぜならそれは増殖（炎は燃え移ります），変異という性質は持っていても遺伝という性質を備えていないから，というものです．炎は大きさ，色して温度がさまざまに異なるものがありますが，その性質はどの瞬間をとっても，その場の環境条件（燃料の補給，

風の強さなど）によって決まるもので，その火がマッチによってつけられたかそれともライターによるかなどはまったく関係がありません．炎に関しては，「カエルの子はカエル」はあてはまらないので自然淘汰によって進化することはなく，したがってもっと複雑なものになったり，自分を保つための器官を獲得したりすることもありません．

2つの見方

このような前置き的な概観から，生物について2つの際立った像が浮び上ります．1つは，遺伝のしくみを持つことで生存のための適応を進化によって獲得する個体集団の像です．そしてもう1つはエネルギーが通過することによって保たれる複雑な構造という像です．第1の見方は第2章から第5章にかけて，また第2の見方については第6章で触れます．生物学で最も難しいことといえば，この2つの像がどのようにしてうまく組み合さるかを知ることです．生物学での疑問の多くに答えるには，少なくとも2つの答えが必要とされます．つまり上に述べた2つの像のそれぞれに1つずつの答えがあります．

「なぜ心臓は拍動するのか？」という問いに対して，1つの答えは心臓の形の違いがどのように遺伝し，その違いが心臓の持ち主の生存にどのように影響するかをふまえた上で，心拍の機能は血液を体中に送り出すことであるという結論に到達します．もう1つは心臓の筋肉の律動性や心臓への神経の分布などを通して心臓の生理学を説明するも

のとなるでしょう．この2種類の答えはそれぞれ「機能的」説明および「因果的」説明と呼ばれてきましたが，この呼び方はあまり感心しません．なぜなら「機能的」説明も，長いタイムスケールで見れば因果的であるといえるからです．むしろ，この2つの説明はそれぞれ究極的因果関係，および至近的因果関係についてのものであると言った方が良いでしょう．しかし，大切なことはこの2つの説明は二者択一的なものではなく，互いに排他的なものでもないということです．どちらも正しく，互いに補い合っているものなのです．

2章 遺　伝

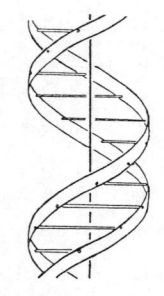

　前章で,「カエルの子はカエル」が生命の最も基本的な性質であると言いました. この性質は, 現在生物学の中でも最もよく解明されていることの1つです. この本は生物学の問題点について述べるものではありますが, この章の前半では, 生物学の中で最も確立され, おそらく最も問題点の少ない遺伝理論について簡単に述べたいと思います. ちょっと言いわけをさせてもらえば, 知らないことは, 知っていることにもとづかなければ理解できないのです. 分子遺伝学に不慣れな方々にはこの章は難しいかもしれませんが, そこに含まれている考え方は現代生物学の中核となっているので, これをマスターしようと努力する価値はあります.

　遺伝学についての知識の発展には4つの主要な段階がありました. それはワイスマンによる生殖質と体質の独立の概念, 1900年のメンデル法則再発見にもとづく遺伝における原子説の確立, 主としてT. H. モーガンらのショウジョウバエの研究にもとづく染色体理論, そして1953年の

ワトソンとクリックによるDNAの構造決定に始まる分子遺伝学の成長の4段階です．メンデルの研究はワイスマンの研究より前でしたが，生物学に取り入れられたのは後になりました．したがってワイスマンの説についてまず考えます．

ワイスマンの生殖質説

　ドイツの生物学者であったアウグスト・ワイスマンは，19世紀末に書いた論文の中で受精卵が分裂する時，そこには2つの独立した分裂過程が生じると論じました．1つの過程は成体の体（ソーマ，soma）を作り，もう一方は「生殖系列」となって次の世代のもとになる生殖細胞（卵と精子）を作るというのです．体はいずれ死にますが生殖系列は基本的には不死であるというわけです．ワイスマン以前は，多くの進化論者たち，特にフランス人のジャン・バプチスト・ラマルク（1744-1829）は，進化の主要な原因は「獲得形質の遺伝」にあると考えていました．すでに述べたように，ダーウィンもまた，この可能性を「用不用の効果」という表現で採用していました．しかし，もしワイスマンが正しいとしたら，おとなになってから獲得した性質（古典的な例としてひかれたのはかじやの盛り上った筋肉）が子供の性質を変えるはずはないことになります．

　自分の説の根拠として，ワイスマンはほとんどの動物では生殖細胞のもとになる細胞は発生のごく初期に別れてとっておかれることを指摘しました．もしこの細胞がこわれ

ると，再びできることはなく，その動物は不妊になります．しかしこの事実はワイスマンの説の証明にはなりません．理由は2つあります．第1に，植物では生殖系列の早期分離はありません．しかし，今日では植物においても動物と同様，獲得形質の遺伝は否定できます．もっと基本的な理由は，生殖細胞の成長に必要なエネルギーや物質は体の他の部分から供給されますから，体細胞が生殖細胞に影響を与える機会はいくらでもあるということです．

獲得形質が遺伝しないことについては，ワイスマンも実験的証拠をある程度得ていますし，現在ではもっと多くの証拠が得られています．しかし，私の考えでは，ワイスマンが否定的であった大きな理由は，獲得形質の遺伝がどのようにしたら起り得るかを考えられなかったためのようです．彼は遺伝で重要なのは物質やエネルギーの流れではなく情報の流れであると考えた最初の1人でした．かじやがたくましい筋肉を発達させたとして，そのことがどうすれば彼の作る精子を変化させ，それによって息子にも筋肉を発達させることにつながるのでしょうか．精子には筋肉はないのです．今日のことばづかいでいえば，父親のたくましい筋肉はある種の暗号に翻訳され，それが後になって息子の体内で再びたくましい筋肉に翻訳され直すとでも考えなければなりません．

現在，私たちは情報を1つの形から他の形へ翻訳するような機械をいくつも知っています．たとえばテープレコーダーは音をテープの磁気化のパターンへ，またその逆へと

翻訳します．ワイスマンがこのようなアナロジーの意味を理解していたことは，獲得形質の遺伝を認めることが「英国から中国へ送られた電報が中国語に変って届くと考えるようなものだ」という彼の表現によっても明らかです．

遺伝における原子説の確立

　ワイスマンの考えは進化を理解する基礎ではありますが，現代遺伝学の発展は1900年のメンデルの法則の再発見に端を発しました．ダーウィンと同時代人で，モラヴィアの修道院の長であったグレゴール・メンデルは物理科学に通じていて，この能力が遺伝の研究において発揮されました．彼に関して最も興味深いのは彼が得た結論ではなく，それを得るためのやり方であったといえましょう．最初の重要なステップは正しい問いかけをしたということです．本当は問うべき質問は，なぜネズミはネズミを，そしてゾウはゾウを生むのか，であることは明らかです．しかし，この問いは実りのある問いではありませんでした．なぜなら答えるすべがなかったからです．代りにメンデルは，その後の遺伝学者と同様，よく似た生物間の差の原因について考えました．たとえば茶色のネズミと白いネズミの違いなどですが，メンデルの場合でいえばエンドウの背の高いものと低いものといった具合でした．彼はまたエンドウの特徴の中で，2つにはっきり分れ，中間形のないものにだけ着目するという優れた判断をしました．

　違うカテゴリーに属するエンドウの数を世代を追って記

録する研究を通じて，彼は遺伝における原子説を導き出しました．基本的には，彼はエンドウの高低，マメのシワのあるなしなどの差の原因は遺伝因子の存在によると論じたのです．遺伝因子は今では遺伝子[1]と呼ばれています．おのおのの形質（たとえば背が高いか低いか，あるいは滑らかかしわが寄っているかという形質）に関して，個体は両親から1つずつ，計2つの遺伝子を受け取ります．背の高さでいえば，2個の高くなる遺伝子，または2個の低くなる遺伝子，あるいは高いのを1個と低いのを1個という具合です．個体が生殖細胞（卵または精子）を作るときは，この2個の遺伝子のうち1個がランダムに選ばれて生殖細胞に入り，子へと受け渡されます．

　メンデルは，異なった特徴が世代ごとに一定の割合で現われるという事実からこのような結論を得ました．たとえば，茶色と白色のネズミのあいだに生れた子（雑種第1代）を白い親とかけ合わせるとできる子の毛色は1対1で茶と白になり，雑種第1代どうしをかけ合せれば茶と白が3対1の割合で生れます．この推論は彼より以前のジョン・ダルトンによる化学における原子説の推論と驚くほど似通っています．ダルトンは原子を目で見はしませんでしたし，単独の原子の挙動についても見たわけではありません．彼は原子の存在を，化合物ができるとき，結合する物質間に一定の，そして単純な数の比があることから推論したのです．ダルトンと異なり，メンデルは死んだ後も長いこと評価されませんでした．その理由の1つは彼の理論の高度の

抽象性が生物学者の好みに合わなかったことにもよります．私は彼が実験をしなかったといっているのではありません．そうではなく，実験結果を，直接証拠のない実体の存在を仮定して説明したのです．大体，生物学者は着想の飛躍を信用しないところがありましたが，後には遺伝学者はメンデル流を見習いました．最近の例としてはジャコブとモノーによる「リプレッサー」の想定が挙げられます．これについては119ページで述べます．ただ，現在では新しい実験技術が開発されていて，実体の仮定から実証までの期間がメンデルの場合に比べてずっと短いところが違います．

染色体理論の発展

　メンデルの結果が出版されてから再発見されるまでの30年の間に，細胞の構造と挙動についての記録は大変進歩しました．特に，細胞が核を持ち，核は多くの繊維状のもの，すなわち染色体を含むことが知られました．さらに，染色体は遺伝因子についてメンデルが想定したのとそっくりの性質を持っていたのです．それは，体の各細胞が2セットの染色体を持っている（たとえばヒトでは23対）のに，配偶子（雌では卵，雄では精子）は各対の一方（1セット）しか持っていないことです．しかし染色体自身がメンデル因子（いいかえれば遺伝子）そのものではあり得ません．ヒトの個体間の違いを説明するには23種類より多くの遺伝子が必要ですから．しかし，染色体が遺伝子の運

び手である可能性はあります．染色体は繊維状ですから，遺伝子が染色体の上に並んでじゅず状になっていることを想像する根拠になります．

　このことが事実である，またはほぼ事実であるということはキイロショウジョウバエで研究したT. H. モーガンと彼の共同研究者，カルヴィン・ブリッジス，A. H. スタートヴァント，およびH. J. マラーによって1930年代の終りまでに確実なものとなりました．彼らの研究法はひとくちでいえば，さまざまな形質（白い眼，短い翅，曲った剛毛など）を持つ個体の数を世代ごとにかぞえることと，染色体の構造と挙動を追うことを同時に行ったことです．多くの場合，メンデルの法則があてはまりましたが，そうでない場合もたくさん見つかりました．あてはまらない例は2種類の形質が同じ染色体上の別々の遺伝子によって決定されている時（遺伝的に連鎖している時）に起ります．この時は各形質はメンデルがそうであるはずだといったように互いに独立に分離することはありません．他にも，メンデルの法則に従わない例がもっとまれにではありますが見つかりました．そしてその時は必ず遺伝的な変化をうまく説明できるような形での染色体の異常が伴っていました．

　1940年代の遺伝理論は，染色体上に一列に並んだ遺伝子が個体の形質に影響を及ぼし，卵と精子を通じて次の世代へ受け継がれるというものでありました．もちろんこみ入った現象もありました．1個の遺伝子がいくつかの複数の形質に関係したり（多面発現），単独の形質が多くの遺

伝子によって支配されたり（ポリジーン遺伝）することもすでに知られていました．しかし残された最大の問題は，遺伝子がどのようにして生物の形質を発現させるのか，またどのようにして後の世代へ完全な形のまま受け渡されるのかということでした．

DNAの二重らせん構造

　次の決定的なステップは，遺伝子の化学的な性質の解明でした．この内容を理解するには必要最小限の生化学的知識が必要です．第1に，細胞中にある2つの分子群，「代謝物」と「高分子物質」とを区別する必要があります．代謝物とは，大体50個以下の原子からできている小さな有機（つまり炭素を含む）分子をいいます．ブドウ糖のような糖やロイシンのようなアミノ酸がそのよい例です．高分子物質というのは，上に述べた代謝物質が似たものどうしでつながり合い，重合体あるいはポリマーと呼ばれる長い構造になったものをいいます．ここでは2種類の高分子物質，すなわちタンパク質と核酸が重要となります．タンパク質は20種類のアミノ酸がさまざまにつながったもので，ふつうは折りたたまれて大きな球状の分子になっています．タンパク質はからだを構成する主要な物質で，筋肉，腱，眼のレンズなどの主成分です．また，第6章でも述べますが，からだの中で起る化学反応に必要な有機触媒としても重要です．核酸は4種類の「ヌクレオチド」という分子がつながり合ったもので，どの分子も共通した部分を持

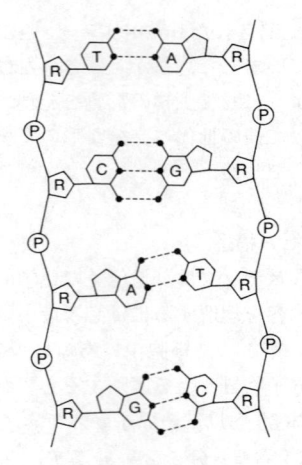

図2 DNAの構造
A, T, C, Gは4種の塩基でそれぞれアデニン、チミン、シトシン、グアニンを表わします。RとPは各鎖の支柱となるリボース（糖の一種）とリン酸、点線は相補的な塩基どうしをつなぐ結合です。

っていてそこでつながり合いますが、その横にくっついている「塩基」と呼ばれる部分がそれぞれ違っています。4種類の塩基とは、アデニン、チミン、グアニン、シトシンです。

　核酸の一種であるDNA（デオキシリボ核酸）は染色体に存在し、それ以外の場所にはほとんどないということが分っていました。ですから遺伝子がDNAでできているのではないかと考えるのはごく自然なことだったはずです。し

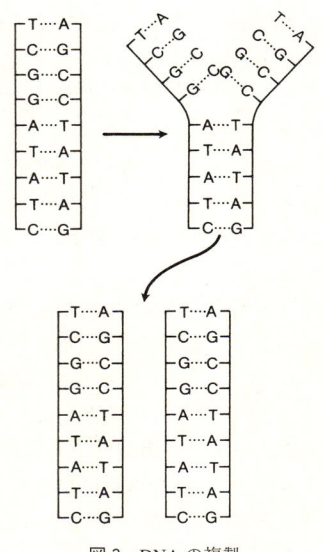

図3 DNA の複製

かし，2つの理由から，このような結論が導き出されるのが遅れました．1つは DNA の構造について誤った考えがあったことです．「4ヌクレオチド仮説」によれば，中心に骨組みがあり，そのまわりを4個のヌクレオチドでできた環がたくさん取り巻いていて，それぞれの環には4種類のヌクレオチドが1個ずつ入っていると考えられていました．もしこれが正しいとすれば，DNA のどの部分をとっても同じ構造だということになりますが，遺伝子の方はど

れも皆それぞれ異なっていなければならないはずなので理屈に合いません．第2の理由は，タンパク質の方がはるかに重く見られていたことで，すでに当時ある種の遺伝的異常が特定のタンパク質の欠損によっていることが知られていたことが挙げられます．この考えを具体化すると，遺伝子を作っているのはタンパク質で，DNAはタンパク質の分子どうしがつながるための土台の役をしているだけであるということになります．

　しかし，微生物の研究でDNAが遺伝に働いているという証拠が次々と出され，このことがDNAの化学構造の見直しに拍車をかけました．その答えが1953年ジェイムズ・ワトソンとフランシス・クリックによって発見された，今では有名な二重らせん構造です．主要な特徴は図2に示してあります．DNAは2本鎖になっていて，おのおのが支柱のような構造とそこから突き出た塩基を持っています．1本の鎖の上では塩基はどんな配列でもできますが，隣りの鎖の塩基との結合には法則があります．アデニンはチミンと，そしてグアニンはシトシンとしか対になりません．この分子が複製されるときは（図3）2本の鎖はジッパーを開くように離れ，新しい鎖が前からある鎖と対をなすように合成されます．塩基対の法則が化学の法則に合うものであれば，新しくできた2つの分子がもとの分子とそっくり同じものになることは明らかでしょう．この対形式の特異性がどのようにして保証されているかという問題は204ページで説明します．ここで重要なのは，このワ

トソン=クリック構造がDNAがどうして情報を含み得るか，またどうして複製可能かを説明しているということです．DNAは塩基対に特異性があるためまったく同じものを作り得るという性質によって複製できます．また，各DNA分子が異なる塩基配列を持ち得るということによって，ちょうどこの本が文章ごとに違う文字の配列になっているのと同様，情報を含み得るのです．残る問題は，DNAが一体どのように役に立ち得るのか，つまりどのようにして塩基の配列によって表わされた情報が使われるのかということです．

　遺伝子はいろいろな長さのDNAにすぎないということになりました．でもそんなものが一体何をするのでしょう．ごく簡単に答えれば，遺伝子は細胞が作るタンパク質の種類を決めるのです．この短い答えに対してはさらに2つの問いが生れます．どうやって遺伝子はタンパク質を決めるのでしょうか．そして，タンパク質を決めるという能力がどうして発生の調節を可能にするのでしょうか．第2の問いについては第9章で考えることにして，ここでは第1の問いについて考えます．

遺伝暗号の解読

　DNAは4種類の塩基の鎖です．一方，タンパク質は20種類のアミノ酸の鎖です．この2つの配列は「遺伝暗号」によって対応しています．遺伝暗号とは実際にはどの塩基配列がどのアミノ酸を指定しているかのリストです．暗号

解読がどう行われるかについて考える前に，この暗号がどんなものかをちょっとだけ述べます．暗号は単純です．3つの塩基配列が1個のアミノ酸を指定します．もしこれが2つの配列であったなら不十分なことはすぐ分ります．なぜなら2つだと $4^2=16$ 通りの配列しかありません（1番目の塩基が4種類，そしてそのそれぞれについて2番目の塩基がまた4種類ですから）．これだと16種類のアミノ酸に対応できるだけです．3つの塩基ですと，$4^3=64$ の配列ができます．これは20種のアミノ酸に比べて多過ぎるともいえます．実際にはこの暗号にはある程度のむだがあり，場合によっては6通りの3塩基連鎖（トリプレット）が同じアミノ酸の暗号になっています．またある3塩基連鎖は「ここで読むのを止めよ」，いいかえれば「タンパク質はここで終り」という暗号になっています．

　上で，特定の3塩基連鎖を特定のアミノ酸に翻訳する暗号解読装置が存在すると想定しましたが，これはちょうどモールス符号（DNAの塩基配列に当ります）を受信して文字（タンパク質のアミノ酸配列）で書かれた文に変える機械のようなものです．この解読装置の様子を図4に示します．ちょっと複雑ですが，この暗号の性質や起源や進化についての基本的な問題点を理解するためには，残念ではありますが，この複雑な現象を理解することがどうしても必要なのです．図4に示した過程は，ちょうど自動車が組立てられる流れ作業の組立てラインのように，さまざまな分子をあるべき位置に保つ特殊な構造体（リボソームと呼ば

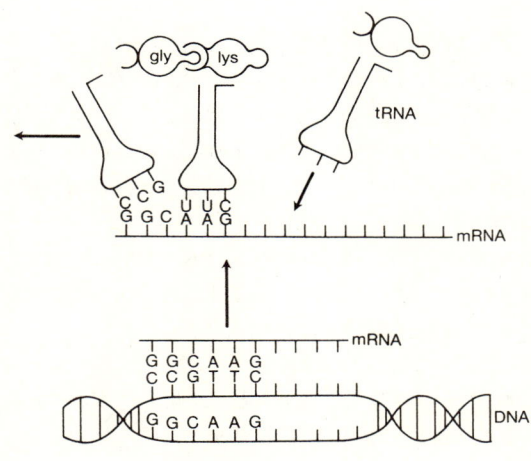

図4 タンパク合成

下に DNA 分子があり,その鎖の一方から mRNA のコピーがつくられます.上に細胞質へ移動した mRNA 分子と,それに対合する tRNA 分子を示してあります.CCG というアンチコドンを持った1番目の tRNA はすでにグリシンというアミノ酸を放し,合成の場から離れつつあります.2番目の tRNA は UUC というアンチコドンを持ち,mRNA の AAG というコドンと対合し,リジンというアミノ酸がグリシンに結合しています.3番目のアミノ酸が3番目の tRNA によって運ばれて来つつあります.tRNA はランダムに到着しますが,正しいアンチコドンを持ったものだけがそこに結合し,タンパク質の鎖を延ばしていく作業に加わります.塩基 A は DNA の T とも,RNA の U とも対合することに注意して下さい.

れます）の上で行われるのだということを承知しておいて下さい．

　まず，ここで他の2種類の分子を紹介しましょう．両方とも RNA という核酸でできています．RNA は DNA と違って1本鎖で，塩基のうちチミンの代りにウラシルが入っています．第1の型は「伝令」RNA（mRNA）で，核の中で DNA 遺伝子のコピーとして合成され，細胞質（細胞のうちで核の外の部分）のリボソーム（組立てライン）へと移って来ます．第2の型は「転移」RNA（tRNA）で，アミノ酸を組立てラインへ運んで来ます．解読の基本的な順序は次のようなものです．

　(1) 特定の遺伝子が mRNA に「転写」されます．つまり DNA の2本鎖のうちの1本と塩基対を作ることによって補完的な配列の RNA が作られます．図4で示したように，このとき DNA は部分的に開いてこれを可能にします．2本の DNA 鎖のうち1本だけが転写されることに注意して下さい．他の1本は複製がきちんとできるようにする働きしかしていません（図3で示したように）．転写されたのは遺伝情報を持っている方の鎖です．この情報は核を離れリボソームの組立てラインへと移ります．

　(2) 情報のうち，最初の3塩基連鎖が GGC であるとします．これが第1の「コドン」（暗号の単位）です．細胞質には，これと補完的な3塩基連鎖，つまり「アンチコドン」CCG を持った tRNA 分子がたくさんあります．G は C と，また C は G と化学的な親和性を持っているので，

図のようにこのような tRNA 分子の1つが第1のコドンに結合します．

(3) CCG というアンチコドンを持つ tRNA は，グリシンというアミノ酸とも結合します．このようにして，グリシンはこのタンパク質の1番目のアミノ酸として tRNA によってリボソーム上の組立てラインの最初の位置につきます．これが終ると tRNA はグリシンから離れて行きます．グリシンの方はリボソーム上に留まります．

(4) 次の3塩基連鎖（図では AAG）がアンチコドン UUC を持ち，リジンというアミノ酸と結合した tRNA と結合します．これによって2番目のアミノ酸リジンが1番目のグリシンと並びます．そして2つのアミノ酸は結合します．

(5) このようにして次々に新しいアミノ酸が加わり，タンパク質が作られていきます．

遺伝暗号は進化するか

この解読装置には「ニワトリと卵」的特徴が見られます．この装置が正しく働くためには多くの特別のタンパク質や RNA が必要なのですが，それらの分子自身，それ以前の解読の産物なのです．現存の生物ではタンパク質は解読によってのみ作られ，解読はタンパク質なしでは起らないというこの問題については最後の章で生命の起源を考える時までは悩まないでおきましょう．ここで考えるべき大事なことは，暗号の本質（たとえば GGC がグリシンの暗号であるという事実）は，CCG というアンチコドンを一方の

端に持ち，もう一方の端にグリシン分子を結合する tRNA の存在によっているということです．どうしてこんなことが実現したのでしょう．tRNA 分子はそれ自体，核の中の DNA 遺伝子のコピーなのです．この分子が最初に作られる時，そこにはグリシンは結合していません．この結合は細胞質で，特殊なタンパク質の働きによって起ります．このタンパク質はグリシン分子と tRNA の末端の両方をきちんと識別して両者を結合させます．このような働きをするタンパク質は一般に「酵素」と呼ばれます．酵素の働きは 111 ページで述べます．これらの酵素も，もちろん核の DNA 遺伝子の暗号によって決定されているのです．

このように，細胞質中には多くの違った種類の tRNA があり，おのおのの種類は 2 つの標識によって特徴づけられます．すなわち，一方の端にはアンチコドン（mRNA のコドンと結合），もう一方の端にはあるアミノ酸との結合部（これは特定のアミノ酸を運んでいる酵素によって認知される）という標識があるわけです．暗号の本質（たとえば GGC がグリシンに対応）は，ある tRNA にどんなアンチコドンとどんなアミノ酸結合部がいっしょに存在しているかということに完全に依存しています．ということは，暗号を変化させるような DNA の変化が起り得ることになります（このような変化は「突然変異」といいます．48 ページを見て下さい）．これは，結合酵素を変えてしまうような遺伝的変化によっても，また tRNA のアミノ酸結合部はそのままでアンチコドンを変えてしまうような（逆でもよい）遺伝的変

化によっても起ります．このような突然変異はまれに起ります．

　しかし，それにもかかわらず，暗号は普遍のものです．GGC はウイルスからヒトにいたるまでの全生物でグリシンに翻訳され，他の暗号も同様です．このことから，ある「最良」の暗号方式があって，全生物がそれを持つように収束したとも，あるいは現存の全生物は同一の単純な祖先に由来し，その間暗号は変化しなかったのだとも考えられます．最初の考えは正しいとは思えません．GGC がグリシン，AAG がリジンを意味するような暗号が，その逆の意味を持った暗号より優れているとか劣っているとか考えるのは難しいことです．たとえば，四つ足の動物で，分れたひづめとつのを持つものを「ウマ」と呼び，分れていないひづめとたてがみのあるものを「ウシ」と呼ぶ言語があったとして，それが私たちの使っている言語より良いとか悪いとかは言えないのと同じことです．人間の言語と同様，遺伝暗号もかなりの程度まで恣意的なものなのです．

　この暗号がいったん確立してしまったらそれ以上は進化しないことは明らかです．たとえば高等生物で GGC がグリシンの代りにプロリンに翻訳されるような突然変異が起ったとします．タンパク質によっては，それに含まれるグリシンがプロリンに代ることで，よりよいものになることもあり得ます．しかし，グリシンは何千種ものタンパク質に含まれていますから，それらすべてにとってこのような変換が有益だとは到底考えられません．文章でも文字の入

れかえで改善されることが時たまあります．私の秘書はある時，私の原稿を読み違えて Sod's law（同性愛者のおきて）を God's law（神のおきて）とタイプしました．たしかに感じは良くなりました．しかし本の中の全部の s を g に換えてしまったら混乱が起るだけです．

ですから，いったん暗号が成立したらそれは変ることはなさそうです．そして，全生物が1つの祖先から由来するものであれば，暗号は普遍的であると期待できます．このことが，最初の生命がただ一度だけ出現したことを意味するのか，それとも何度も出現してそのたびに違った暗号を持ったけれど，そのうちの一種を持ったものだけが他と競争して生き残ったことを意味するのか，どちらとも分りません．

分子生物学のセントラル・ドグマ

この遺伝暗号解読機構の特徴の1つは，それが不可逆的であることです．このことはクリックによって，分子生物学の中心教理（セントラル・ドグマ）として述べられています．それは情報は DNA からタンパク質へは伝えられるが，タンパク質から DNA へは伝わらないということです．このことが何を意味するかを考える前に，翻訳装置というものが必然的に不可逆的なものなのかどうかを考えてみましょう．テープレコーダーを例にとれば，不可逆的ではありません．同じ機械で空気中の音波という形の情報をテープの磁性化のパターンに翻訳することも，その逆もで

きます．しかし，不可逆的な翻訳機も存在します．レコードプレーヤーはレコードの溝に刻まれた凹凸の情報を音に翻訳できますが，その逆はできません．レコードプレーヤーのスピーカーに向って叫んでもレコードを作ることはできないのです．中心教理は遺伝のシステムがテープレコーダーのようなものではなく，レコードプレーヤーのようなものであると説いているのです．いいかえれば，細胞の中にいままでなかったようなアミノ酸配列のタンパク質を入れてやっても，細胞がそのタンパク質を暗号化した塩基配列を持つ核酸分子を作ることはできないのです．

中心教理はもちろん1つの説ですが，それが誤りであるという証拠は見つかっていません．不可逆的なステップはRNAからタンパク質へという所に存在します．DNAからRNAへというステップでもふつうは一方通行ですが，反対方向へ行くこともあります．この可逆過程が中心教理と矛盾しているといわれることがありますが，これは誤解です．

よくいわれるのは（実は私自身もいったことがあるのですが）中心教理が重要なのは，それが生殖系列と体細胞との独立を唱えたワイスマンの説を分子のレベルで説明しているからだということです．ある意味ではこれは正しいといえます．もしも用不用の効果がからだのタンパク質の性質を変えることであり，そして子孫に伝わる複製可能な情報がDNAで運ばれるものならば，中心教理が正しければワイスマンも正しいということになります．しかし，中心教

理が誤りで，タンパク質の配列がDNAの配列に翻訳され得ると仮定しても，なおかつワイスマンは正しいといえそうです．なぜなら「獲得形質」というのはふつう新しい種類のタンパク質の合成など伴っていないからです．かじやの筋肉が発達する時，既存のある種のタンパク質の量は増加しますが，新しい種類のタンパク質が生み出されるとは思えません．もしワイスマンが誤っているとしたら，それはDNA以外に世代間で情報を伝えるような別の道が存在する場合です．この可能性についてはこの章の終りにもう一度触れます．まず第1に私は，地球上であれ宇宙のどこであれ存在するすべての生物に共通の性質であると思われる遺伝の機構の特徴について述べたいと思います．この考えは私たちが違ったタイプの生物にめぐり合わない限り検証不能な推論ではありますが，推論でも役に立つことがあります．

遺伝機構の3つの特徴

私は遺伝機構の一般的特徴を3つ挙げることができます．遺伝はデジタルな現象であること，遺伝では表現型と遺伝子型とが区別されていること，そして遺伝は量子レベルのできごとを巨視的なできごとへと増幅すること，の3つです．これらの点について順に説明しましょう．

情報システムがデジタルであるということは，そこに含まれる記号は定まった数の互いに離散した区分のどれか1つに属することを意味します．そして，記号の意味はその

記号がどの区分に入っているかによって決まります．もしある区分の中に変動が生じても，その変動には意味がありません．つまり，デジタル・システムにもとづけば，小さな変動によってメッセージがめちゃめちゃになることはないのです．たとえばイギリス人でも人によってCATのAを少し違ういろいろな発音で話します．しかしその違いがあまり大きくない限りCAT（ネコ）とCOT（子供用ベッド）をとり違えることはありません．もしも意味が連続的な変数によって変るとしたら，メッセージは複製されるたびに少しずつではあっても変化してしまうでしょう．

　古典的遺伝学では，「表現型」とは個体の形態と行動のことで，「遺伝子型」とは個体の持つ遺伝的な性質のことです．この区別は，死すべき肉体と不死の遺伝的メッセージというもっと基本的な区別を意味します．ある人がお父さんの鼻の形を受けつぐ場合，それはお父さんの時計を相続するのとは大変異なります．後者の方は現物が引き渡されるのですが前者では鼻のでき上りの形を支配する遺伝子が引き渡されるのです．厳密にいえば遺伝子すら引き渡されていません．私が私の両親から受け取ったDNAの分子そのものが私の子供に行くわけではありません．行くのはそのレプリカ（複製）なのです．

　DNA以外のものを遺伝物質として使っている生物がどこかにいたとしても，遺伝子型と表現型の区別はそこにも存在すると私は考えます．そう考える理由は2つあります．1つは大部分の獲得形質は傷害，病気，老齢などの結

果であり，不都合なものだということです．ですから，これらを遺伝するような遺伝機構は退行をもたらすだけです．体細胞と生殖系列をはっきり別々にすることで，獲得形質の遺伝を防止することができます．もう1つ理由があります．肉体は成長と生存を確実に行えるような性質を持つよう淘汰されていますが，これらの性質は正確な複製を行うこととは両立できそうにありません．すでに述べたように生物では複製には相補的な分子，つまりDNA分子の間に正確な対合が必要です．そしてこのような分子は代謝や成長や運動に必要な活発な触媒作用はできません．このような作用をする性質はタンパク質が持っています．遺伝子型と表現型の区別は，核酸とタンパク質の分業の表われなのです．

普遍的だと思われる第3の特徴は，1つの分子の変化が規則的で予測できる大規模な肉体的変化をひき起すということです[2]．これまで，増殖および遺伝と並んで進化にとって必要な第3の特徴である変異についてはあまり述べませんでした．なぜなら変異は遺伝の裏返しのようなもので，遺伝がうまく働かなかったとき起るものだからです．遺伝的な変化（突然変異）は遺伝情報が変化することによって生じます．突然変異は，例外はありますが多くの場合DNAの複製の時に生じます．その頻度は複製過程を邪魔するような薬剤（特に反応性の高い化学物質）によって増加します．起る変化は1個の塩基の入れ代りからもっと大規模な遺伝物質の配置換えまでさまざまです．しかし，生殖

系列の DNA でただ1個の塩基が変化しても，その変化した DNA は複製され，その効果は解読の過程でさらに増幅されるのですから，目に見える大きな変化につながります．この点で生物は無生物と異なります．海の波は1つの分子，いやたとえ百万の分子を動かしても目に見える動きの変化を起させることはできません．しかし生物のシステムは機械やその他の人工物には似ています．発電所の働きは1個のスイッチを動かすだけで変えられます．たしかに1個のスイッチを動かすことは1個の分子を動かすこととは違いますが，小さな信号が大きな効果へ増幅されるのは確かです．この増幅は，調節されているシステムで初めて可能なことで，特に生物では劇的な形で行われます．ショウジョウバエの卵の1つの分子が変ることで，翅を余分に一対もった新しい個体が生れるのです．

　この増幅という性質が，天文学とは異なって進化についての長期の予測を不可能にしています．突然変異はランダムに（規則性を持たずに）起るとよく言われます．化学的なレベルではこれは正しくありません．なぜなら化学物質の種類によってそれぞれ異なる変化が起るからです．しかし，突然変異が個体の形に及ぼす効果は，それのもとになった化学物質についての知識からは予測できないということはたしかです．突然変異の予測不能性と，その効果の増幅とが長期の予測を不可能にしているのです．このことは，進化について一般化ができないといっているのではありませんが，このことは同時に生物学を物理学とは違った

種類の科学にしているのです.

ネオ・ダーウィニズムの正当性

さて，ここまで来れば進化についてのネオ・ダーウィニズムの説を要約できます．生物は一生の間に環境から受けるさまざまなインパクトによっても（育ち），また発生前の受精卵に存在する遺伝子の間の違いによっても（氏）変ります．そして後者の違いだけが遺伝します．進化的な変化は遺伝的な違いが生存と生殖の確率に影響し，個体群の中のいろいろな遺伝子型の頻度が世代とともに変ることによって起ります．

これがある程度真実であるということを疑う生物学者はめったにいません．しかし全面的に正しいといえるでしょうか？ 留保条件の１つは，進化的変化のあるものは自然淘汰を受けずに偶然生じるというものです．もう１つは淘汰の働き方，特に淘汰の対象が何かということに関するものです．生存し生殖しそして自然淘汰を受けるのは遺伝子でしょうか，個体でしょうか，それとも個体群なのでしょうか．この問題については第５章で述べます．もっと基本的な留保として，遺伝の本質に関するものがあります．遺伝情報をになっているのが核酸だけであるというのは本当に正しいのでしょうか．適応の原因を自然淘汰でないとする唯一の重要な考えは獲得形質の遺伝というラマルクの主張です．もし核酸が遺伝の唯一のにないてであり，中心教理が正しいならば，ラマルキズムは締め出されてしまいま

す．中心教理が誤りであるということはありそうもないことです．しかし遺伝情報のにないてについてはどうでしょう．

まず，このような話題の時よく用いられる主張がありますが，私はそれは正しくないと思います．それは，必要な遺伝子を全部とかした水を袋につめたような卵は発生しないのであって，他の構造や物質が必要なのだというものです．これはその通りです．しかし，このことは別の遺伝機構が存在する証拠にはなりません．遺伝の必要条件は，違ったタイプのもの，たとえばA群とB群があって，それぞれ同じ子を作る，つまりA群ではAがB群ではBが生れることです．DNAによらない遺伝の実証には，2個の受精卵が核酸以外のどこかが異なっていることを示し，それらの卵が発生しておとなになってまた卵を作った時，その卵が同じように異なっていることを示す必要があります．このようなことは，もしあるとしてもまれですが，よく似た現象はいくつかあり，それらは考える価値があります．

からだの細胞はみな同じではありません．肝細胞もあれば腎細胞もあります．これらの細胞をからだから取り出して組織培養をしても，何回も細胞分裂をした後でもそれぞれの特徴は保たれています．これらの細胞の違いは，DNAの配列の違いによるものではないことが分っています．しかし細胞の種類によって異なる部分の遺伝子が活動しているということはあり得ます．組織の分化のもとにな

っている細胞の変化の本質についてはまだよく分ってはいませんが，細胞レベルでは遺伝的です．つまり，各種の細胞は分裂する時には自分と同じ種類の細胞を生じます．しかし，卵が作られる時，その卵にはそれを作った個体の中で起った分化については何の記録も持ち込まれません．この元に戻る現象は時には完全でないこともあります．卵を作らずに無性生殖をするような生物では，DNAの配列の変化を要しないで長期にわたって続く変化が起ることがあります．多分，最も顕著な例は原生動物の繊毛虫の表面にある繊毛（微細な毛状の突起）の異常なパターンが長期間にわたって受け継がれる現象でしょう．これはアメリカの遺伝学者トレーシー・ソンネボーンとそのお弟子さん達によって示されました．私自身は，これらの例外はあまりにもまれなので，適応的な進化の基礎としてのネオ・ダーウィニズム的機構を放棄する根拠にはならないと考えます．しかし，これらの例外を忘れないでおくことは重要です．

3章 性,組換え,生命のレベル

　この章では,遺伝子と生物の関係を新しい見方で考えます.前に示した図1(19ページ)は,複製をする個体がどのような個体群になるかを最も単純な形で表わしたものです.しかし,もし実際にもこうであるとしたら,いま生きている個体はどれも1個体の親しか持たぬことになり,また何百世代(何百万世代かもしれませんが)も前の祖先もまた1個体であったことになってしまいます.そのばあい,ある個体が持っている遺伝子は,その何百万世代も前の祖先個体の遺伝子のコピーになるはずです(いくらかは変化するとしても).しかし,実際にはそうなってはいません.現存の個体の遺伝子は,多くの違う祖先個体から由来したものなのです.なぜそうなるかの理由はいくつかありますが,いちばん分りやすい理由は,生殖の大部分が有性生殖であるということです.大部分の生物は1個体の親を持つのではなく,両親を持ちます.他にもあまりなじみのない方法によって違う祖先個体の遺伝子が混り合って子孫に伝わることがありますが,そのことについては後ほど述べます.

遺伝的組換えと進化

このように,遺伝子が混じり合うということを考えると,進化を分析するのはたいへんややこしい仕事になります.たとえば,図1のようであったとしたら,ある形質(たとえば鋭いきば)が個体群の中で広がる条件は,そのまま,その形質のもとになる遺伝子が広がる条件と一致するはずです.もし,鋭いきばが「適応度」(生きのびて子孫をつくれる確率のこと)を増加させるとしたら,きばを鋭くさせる遺伝子の頻度も増加するはずです.そのうえ,遺伝子のセットはどの世代でも同じままですから,個体の中での遺伝子どうしのあいだに「利害の対立」が生じることもありません.しかし,いったん遺伝子の混ぜ合わせが起ることを許せば,そこから多くの新しい可能性が生じます.後でも述べるように,ある遺伝子の頻度が上ったとしても,それはその遺伝子が個体の適応度を上げたからではなく,適応度を上げた他の遺伝子にただついていったからであるということもあり得るようになります.極端にいえば,他の遺伝子に寄生しているような遺伝子が広がってしまうことも起り得ます.こんな可能性があるのですから,私たちは,自然淘汰がどう作用するかをもっと慎重に考える必要があります.まず最初に性と組換えという,よく知られている現象から話を始めましょう.

人間である私たちは,性といえばすぐ生殖と結びつけがちですが,性と生殖とは必ずしも組み合さってはいません.それに,進化の前提条件は生殖であって性ではないの

です.実をいえば,もっとも基礎的なレベルでは,性と生殖は正反対のものなのです.生殖では1つの細胞が2つになりますが,性の基本的な過程は2つの細胞が1つになることです.この意味では,性は生殖にとって障害になります.自然淘汰では,他の条件が同一なら,最も速く増殖するものに有利に働きますから,性的な融合が生物界で広く行われていることを自然淘汰で説明するのは大変難しいことなのです.この難問については多くの答えが提案されてはいますが,まだ解決はしていません.

性的な融合は,結果として2個体の親に由来する遺伝物質が1個の細胞中でいっしょになることを意味します.このような結果をもたらす方法は,高等生物の有性生殖以外にもいくつかあります(後述).そのうちもっとも古くからの,そして今でも中心的である過程といえば遺伝的組換えであるといえましょう.これは図5に示します.この図では,実際の組換え現象に加えて,Rという,組換えが起るのに必要な遺伝子をも示しました.なぜRを加えたかというと,すべての生物で組換えには酵素が必要であり,その酵素も遺伝子に支配されているからです.Rはそのような遺伝子を表わしています.記号rは組換えを起すことのできない遺伝子を表わしています.組換えの進化(それはほとんど性それ自身の進化にも関係しますが)での問題点は,Rのような遺伝子がなぜ自然淘汰において有利であったかということです.

Rが有利である理由は2つ考えられます.1つは短期間

```
THISISTHEWESTMESSAGE              ┌──r──┐
|||||||||||||||||||||             |||||||
THINISTHE|BESTMESSAGE             ┌──R──┐
|||||||||X|||||||||||             |||||||
         ↓

THISISTHEBESTMESSAGE              ┌──R──┐
|||||||||||||||||||||             |||||||

THINISTHEWESTMESSAGE              ┌──r──┐
|||||||||||||||||||||             |||||||
```

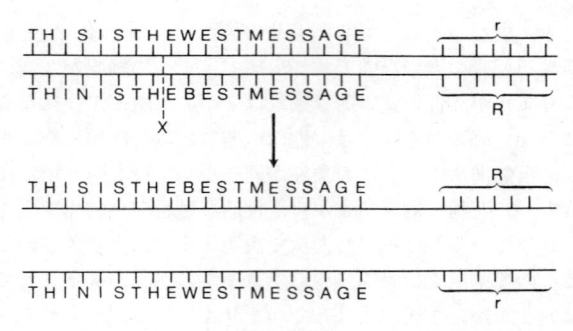

図5 組換え

DNA 分子の塩基を文字で表わしてあります．上段の図ではどちらの分子も「エラー」，すなわち適応度を減少させるような変化を含んでいます．組換えの過程でどちらの分子も X の所で切れ，切断個所は互いに相手をかえて再結合し，下に示す2つの分子になります．この過程には DNA の鎖を切断し再結合するための酵素が必要です．R で表わしたのはその酵素の情報をもつ遺伝子で r は酵素をつくりません（あるいは活性の低い酵素しかつくりません）．組換えの結果，R が完全なメッセージに結び付きました．しかし，最初の R と r の位置が逆ならば，組換えによって R が2つのエラーを含むメッセージの方に残ることに注意して下さい．

での有利性に，もう1つは長期間での有利性に関するものです．短期間での有利性は図5に示してあります．核酸分子の中で最もよく生きのび，複製されるのは（つまり「最適者」は），ここで THIS IS THE BEST MESSAGE で表わされているメッセージを持つ分子であると想定します．これにどんな変化が加わっても適応度は下るでしょう．この

図では，2つのメッセージが1つずつ違う誤りを持っているとき，組換えによって誤りのないコピーを作れるということを示しています．組換えを可能にする因子Rが，完全なメッセージの方と組み合さるかどうかの確率は五分五分です．2つ誤りのある方にくっついてしまう確率と変りません．しかし，もし誤りが1つでもあれば致命的だとしたら，2つあってもそれ以上悪いことにはなりません．ですからRは組換えを起すことによって生き残るチャンスを $\frac{1}{2}$ 持ち得ますが，組換えがなかったとしたらチャンスは0になってしまいます．

　組換えの起源という，歴史上のできごとにおいては，このようなその場での利益が働いたであろうと私は信じています．多分，組換えはこわれた核酸を修理する1つの方法として役立ったために，生物の歴史の中でも極めて早い時期に出現し，広がっていったのでしょう．遺伝的組換えは，ちょうど2台のポンコツ車の1台からエンジンを，もう1台からギアボックスを寄せ集めて1台の動く車をつくるのと似ています．このような，その場での利益の他に，長期間での利益も考えられます．長期での利益は，メッセージの変化，すなわち突然変異がいつも有害とは限らず，ときには有利なものもあるということから生れます．このことは図6に示します．簡単にいえば，A，Bという2つの有利な突然変異が，同じ種の異なった個体に生じたばあい，有性生殖と組換えとによって，1個の子孫個体に両方が入ることができるのです．また車のたとえでいうなら，

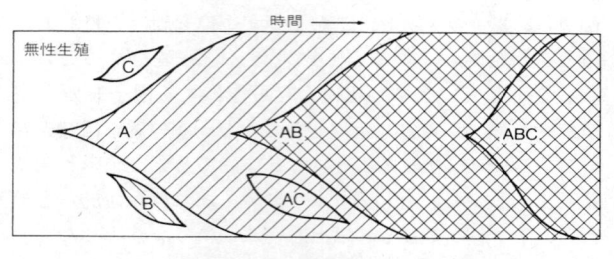

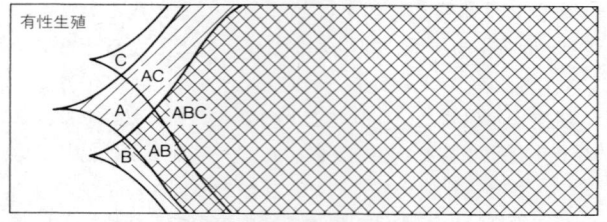

図6 有性生殖と無性生殖の集団の進化
H. J. マラーが1932年に用いた図にもとづく．A, B, Cはそれぞれ別の有利な突然変異で，それぞれ別の個体に生じるとします．有性生殖の集団では交配によってまもなく同じ個体に複数が含まれるようになりますが，無性生殖集団ではそうはいきません．

車の性能がどんどん改良されたのは，設計者がある車種で開発されたシンクロメッシュの変速装置と，他の車種で考えられた燃料噴射装置とを組み合せて1つの車種を設計することが可能だったからです．性を持つ個体群は，持たない個体群にくらべて，変化する環境に見合って，より速く進化できます．

進化の単位は個体か遺伝子か

　このような長期的有利性がほんとうにあるかどうかは今でも激しい議論の対象になっています．いちばん問題なのは，ここで「適応度」が比較されているのがもはや個体ではなく，個体群だということです．つまりある個体群（性を持つ）が他の個体群より速く進化し，他の個体群が滅びても生き残るといっていることになります．となると，自然淘汰による進化という，ダーウィンのモデルを使っていながら，その考えが適用されるはずの個体のレベルを考えず，個体群，あるいは種のレベルに適用してしまっていることになります．このことについては，この章の終りの方でもう一度考えることにします．

　ここではまず，進化を考えるときの2つの見方を比較したいと思います．その1つは生物体中心の見方です．自然淘汰がはたらきかけるのは個体であり，個体が生きのびて生殖するか，または死んでしまうかするのですから，個々の生物体が関心のまとになるという考えです．もう1つは遺伝子の身になって考える見方です．このような見方は，「ニワトリは単に，卵が次の卵をつくるための手段である」というサミュエル・バトラーの有名なことばにも表わされていますし，もっと現代的な表現はリチャード・ドーキンスの著書『利己的な遺伝子』に述べられています．この見方によれば，生物体は遺伝子によって，遺伝子自身の増殖を保証するように作られ，操作されている生存機械にすぎないということになります．どちらの見方が正しいかを議

論するのは，数学で代数と幾何のどちらが正しいかを議論するのと同じくらいばかげています．どんな問題を解きたいかで決まることなのですから．しかし，性と組換えの進化を解き明かそうと試みるばあいには，遺伝子中心の見方の方が役に立つと私は考えます．なぜなら，これは遺伝子が集合してはまた分れる現象を問題にしているからです．もっと具体的にいうなら，図5に示した組換えを起す遺伝子Rは，それが入っている個体の生存や，その個体の生む子供の数には何の影響も与えないかもしれないのです．Rは，それが将来の世代でいっしょになるであろう，特定の遺伝子群に影響を与えるだけなのです．

"裸"の遺伝子たち

　この見方の妥当性を考えるには，まず生物体の中で遺伝子が組み合されるさまざまな方法についていくらか知っておく必要があります．最近まで，生物界を2つに分ける主要な境界線は，エネルギーの獲得法の違いをもとに，動物と植物の間に引かれていました．今では境界線は「原核生物」すなわち細菌類およびラン藻類と，「真核生物」すなわち残りの単細胞および多細胞の動・植物の間に引かれます．この2つのグループの間にはたくさんの違いがありますが，ここでの議論に必要な違いは2つです．

　(1) 真核生物の細胞には膜で囲まれた核があり，その中に棒のような形の染色体が何本か入っています．原核生物には核はなく，環状のDNAでできた単一の染色体があり

ます.

　(2) 真核生物では細胞質（核以外の細胞の部分）に，原核生物にはないさまざまな膜構造が存在します．なかでも重要なのはミトコンドリア（酸化反応によって得られたエネルギーを利用可能な形に変える場所——113ページ参照）と，植物の葉緑体（光のエネルギーをとらえる場所）です．ミトコンドリアにも葉緑体にもDNAが含まれ，そこで必要なタンパク質の一部（全部ではなく）が合成されます．

　原核生物は30億年以上前に現われましたが，真核生物はその3分の1の歴史しか持っていません．ということは，生物が出現してから現在までの歴史のうち，真核生物が現われるまでに3分の2の期間がかかったということになります．真核生物がどうやって原核生物から進化したかはこの章の後の方で考えることにします．ここではまず細菌よりもなお単純な遺伝的存在である，ウイルス，ファージ，プラスミドおよびトランスポゾンについて述べる必要があります．これらに共通なのは，いずれも基本構造としてある長さの核酸（DNAまたはRNA）を持ち，生きている細胞（原核または真核）のなかでだけ増殖できるという点です．細胞のなかで染色体に入りこむか細胞質中で独立しているかはまちまちですし，1つの細胞から他の細胞への移動のしかたもまちまちです．これらは以下の3グループに分けられます．

　(1) ウイルス．ウイルスは細胞外ではタンパク質の被膜にDNA（ときにはRNA）が包まれた形をしています．細

胞外では活性はありませんが伝染力は持っています．生きている細胞に核酸が入ると，この核酸は細胞の代謝の機構を乗っ取り，ウイルスのDNAのコピーが作られ，それに含まれる遺伝情報によってウイルスのタンパク被膜が合成されます．普通は，宿主の細胞は殺されてしまい，たくさんの新しいウイルスが外へ出ます．バクテリオファージ（省略してファージ）とは細菌に入るウイルスのことです．

（2）プラスミドは細胞の外で生きていられるようなタンパク被膜は作りませんが，細菌の細胞どうしが接合したようなとき隣りへ移ることができます．プラスミドも自身の増殖を細胞内で行いますが，自分の入っている細胞を殺すことはせず，それどころか宿主の細胞の役に立つタンパク質の情報を持っていて，薬剤への抵抗性を与えたり，特定の化学反応を可能にしてやったりすることが多いのです．

（3）トランスポゾン．これは染色体またはプラスミドの一部としてしか存在できないDNAです．普通の遺伝子と異なる点は染色体の中で移動ができることです．移動するときはコピーをつくり，それをもとの場所に残して新しい場所へ移りますから，染色体よりも速く増殖することになります．原核生物で見つかっているトランスポゾンは通常自身の増殖に必要な1つまたはそれ以上のタンパク質の情報を持っています．同じようなものが最近になって真核生物でも発見されていますが[1]，それらが，動きまわる以外に何をしているかについてはまだほとんど分っていません．

ウイルス，プラスミド，トランスポゾンは，比較的単純なものではありますが，原始的なものとはいえません．なぜなら彼らは生きている細胞の中で，その細胞のしくみを使うことによってはじめて増殖できるからです．これらのものは，より高等な生物の遺伝子，または遺伝子群が，どのような方法によってか抜け出して，独立した生活をするようになったものだと考えられています．ウイルスはまさに細胞の中へ入り込む寄生者です．ウイルスの遺伝子は，宿主の細胞が死んでも生き残り，また次の細胞に侵入するためのタンパク被膜の情報を持っています．同じ細胞に2個のウイルスが入ったばあいは，遺伝子の組換えが起り，上に述べたような短期または長期の利益を得ることもあるでしょう．

　トランスポゾンもまた寄生者と考えられますが，彼らが宿主の細胞にとって善玉なのか悪玉なのかはまだよく分っていません．彼らは「利己的な遺伝子」の究極の形であるといえます．増殖を望むものにとって，染色体がよい住み場所であることを彼らは発見したのです．彼らが動くしくみは，組換えの過程に依存していますので，増殖したり，DNAを組み換えたりするように進化してきた細胞中のしくみに頼っている寄生者であるといえます．

　プラスミドは，寄生者というより共生者といった方がいいでしょう．彼らは宿主をいためつけるのではなく，むしろ利益を与えます．たとえば，宿主にとって得になるような薬剤耐性を与えたりします．細菌がプラスミドのおかげ

で得たもっとも注目すべき性質は，性的なふるまいが可能になったことでしょう．ある種のプラスミドを持っている細菌は，他の細菌と「接合」することができます．接合しているあいだに，DNAが一方から他方へ移動します．このDNAは接合をひき起したプラスミドであったり，細菌自身の染色体であったり，または両方であったりします．ですから，プラスミドは宿主の細菌の接合を促す（それによって自分自身の移動も可能にする）遺伝子と，宿主の生存や増殖を助ける遺伝子とが一時的に連合したものであるといえます．この連合が一時的であるといったのは，プラスミド間の遺伝子の交換もまたよく起るからです．

遺伝子はどのくらい移動するか

話を細菌に移しましょう．細菌は寄生しなくても生きられるもっとも単純な生物です．細菌の中には無性的なものもいます．彼らは遺伝物質を交換する方法を持ちません．でも突然変異と自然淘汰による進化は可能です．接合を起すプラスミドを持っている細菌は，他個体と染色体の組換えをすることができます．このように，細菌では性は寄生者によって支配されているのです．細菌にとって，プラスミドは2つのはたらきをします．第1に，プラスミドはある種の代謝能力や薬剤耐性を持ち込みます．第2に，プラスミドによっては細菌は遺伝物質を移動させる能力を授かります．第1のはたらきは明らかに好ましいものですし，第2のはたらきも時によっては役に立つのでしょう．です

から，細菌はウイルス感染には抵抗するしくみを持っているのに，プラスミドの感染に抵抗するような特別のしくみは備えていません．

　ここで問題として残るのは，細菌の種（たとえば遺伝学者になじみの深い種である大腸菌，*Escherichia coli*）をどのようなものとして考えるかということです．これがむずかしいということは，真核生物の種（たとえばハツカネズミ*Mus musculus*）と対比してみるとよく分ります．種の本質については次章でもう一度考えます．ここで大切なことは，真核生物では進化は樹の枝分れのような形をとり，分れてはまた結合するという網目状の形にはならないということです．一旦2つの系統に分れたら二度と合流はしないのです．私たちに十分な知識があって，現在のハツカネズミの百万年前の祖先である個体をすべて見渡したとしたら，彼らがすべて同じ種（ずっと昔にさかのぼれば，その種はハツカネズミではないでしょうが）に属していることを発見するでしょう．同様に，現存のハツカネズミのすべての遺伝子の祖先をたずねれば，それらの遺伝子も単一の種に属する動物の遺伝子であるはずです[2]．つまり遺伝子の集団（ここではハツカネズミ遺伝子群）があって，その集団のなかでは組換えが起るけれど，関係のない動物との間では起きないのです．かけ離れたものどうしの交雑は起らないという表現もこれと同じです．クジラの祖先が海に入ったとき，彼らは魚と交雑することによってひれを獲得したわけではありません．

ところで，細菌でも同じことがいえるかというと，これがはっきりしないのです．すでに私たちは，細菌がプラスミドに感染することによって新しい形質を獲得できるということを知っています．プラスミドによって持ち込まれた遺伝子が，細菌自身の染色体の中に永久に組み込まれてしまうことは，ふつうは起りませんが，時には起ることもあります．そうなると，現在の大腸菌の染色体に存在する遺伝子は，ハツカネズミのばあいのように大昔の単一の祖先種にすべてが由来するのではなく，途方もなく離れた別の種をも祖先としている可能性が生れます．もしそうなら，細菌の染色体は，あちこちのクラブから移籍してきた選手で作られるプロのサッカーチームに似ているといえます[3]．このことがどれだけほんとうかについてはまだ確信は持てません．しかし，どうもそうではないかと思わせるような証拠はあります．例を挙げてみましょう．原核生物には，窒素を「固定」できるものがいます．窒素固定とは空気中の窒素をアミノ酸に組み込むことです．この過程は複雑で15〜20の異なる遺伝子の存在が必要です．そして窒素固定のできる細菌においてはたとえ細菌の種類が非常に違っていてもこの遺伝子は，大変よく似ているのです．このことから，この一そろいの遺伝子は進化の過程でただ1回だけ出現し，その後は，別種の原核生物の間でやりとりされたのではないかということが暗示されます．

このように，原核生物では類縁関係の遠いものの遺伝子が時には組み合さることもありそうです．これとは対照的

に，真核生物では，通常は有性生殖する種での個体間でのみ組換えがみられます．ただし，別のところから遺伝子が移って来る可能性がまったくないとはいえません．

真核生物での性の進化

　現在では真核生物の組換えは近縁なものどうしの間でしかみられませんが，真核生物の起源においては離れたものの遺伝物質が劇的なスケールでいっしょになったのではないかと考えられています．高等植物の葉緑体（光合成をする細胞内器官）の祖先が自由生活のラン藻で，それが細胞内共生をするようになって現在の葉緑体になったというのはほぼ確かなことに思えます．これはいいかげんな話ではありません．動物の体内にラン藻が住みついている例は実際にあるのです．動物は動くことによって栄養物や光のある所にラン藻をつれて行き，ラン藻は糖を合成して動物に提供しています．葉緑体がこのような起源を持つという根拠として，葉緑体が自身のDNAとタンパク合成のしくみを未だに持っていることが挙げられます．同じ理由で，ミトコンドリア（113ページ）もやはり共生体になった原核生物に由来すると考えられています．

　いったん真核生物が進化すると，遺伝的な組換えの機会はぐっと限られてしまったことでしょう．この障害は性の周期が進化することによって乗り越えることができました．この周期の基本は，「1倍体」（1セットの染色体を持つ）の世代と，「2倍体」（2セット持つ）の世代が交代で現われ

ることです．2倍体から1倍体の細胞を作るには，特別の細胞分裂（減数分裂）が必要ですが，この分裂に際して，2セットの染色体の間で遺伝的組換えが起ります．2倍体は，1倍体の配偶子が合体することによって作られます．

　生物によっては，2倍体の方がずっと複雑で長生きする形をとります．たとえば高等植物では，1倍体は花粉管という構造しかとりません．花粉管は1倍体の花粉が花の雌しべの頭（柱頭）につくと成長を始め，子房の中にある卵を受精させるまで伸びて行きます．高等動物では1倍体は単細胞で，分裂もしない卵と精子という形をとるだけです．他の生物の中には，1倍体の方が優位にたつものもあります．たとえばコケ類では目につく葉状の構造体は1倍体で，2倍体は1倍体の植物体上に寄生したような形で成長します．さらに他には，たとえば海草のあるもののように1倍体と2倍体が形の上でも寿命の上でも同じようなものもあります．このような異なる生活史のうちでどれが原始的なものなのかはよく分りません．しかし，確かなことは，高等動物と高等植物の両方とも2倍体で，幕間に1倍体がほんのわずかはさまるだけであるということです．どうしてこうなる必要があるのでしょう．一致した答えはありません．しかし私は，もし正しい問い方をすれば正しい答えが得られそうに思います．私たちは，「なぜ複雑な構造の生物は2倍体なのか？」と問うべきではなく，「なぜ2倍体の生物は時として複雑な構造になるのか？」と問うべきなのです．いいかえれば，ここでも私は遺伝子の目で

ものを見ることをおすすめしているのです．擬人的ないい方をするなら，複雑な生物がなぜ2倍体になると得だと思ったのかを問うのではなく，一対になった遺伝子がなぜ自分たちを守り，複製させるために複雑なからだを作るのが得だと思ったのかを問うべきなのです．私はこの問いへの答えは以下のような道筋に沿って得られるのではないかと思います．生物体のきわめて複雑な構造をつくるには意味のある DNA の量の増加が必要です．新しい DNA は，1つしかない DNA のコピーを2つつくり，そのうちの1本の配列を変え，それによってその意味を変えることによって得られます．このようなことが起るためには2倍体のように，大半の時期に遺伝子のコピーが2つずつ存在している方がよいはずです．

雄と雌がなぜいるのか

性の起源は生物学の問題の中でもいまだに最も難しいものの1つです．ここでそれに答えようとすることは私には無理ですが，なぜ難しいのかについては説明できます．「旧式」なプラスミドの移動と接合という原核生物の手法が通用しなくなった真核生物では，性がもたらす主要な効果は遺伝的組換えを可能にすることです．そして遺伝的組換えは図6で説明したように，進化的な変化の可能性を大幅に拡大します．しかしこれは長期にわたって先を見通した時に有利なことであって，その場での利益ではありません．自然淘汰には先見性はないのです．形質は，それが将

来いつの日か有利になるだろうということで選ばれるのではありません．問題になるのはその場での利益です．

生物学的には，雄とは小さくて運動能力のある配偶子（精子）を作る個体のことで，雌は大型の配偶子（卵）を作る個体のことです．ほとんどまちがいなく，最初に有性生殖をした生物は，今日でも下等な動植物がそうであるように，小さくて動く配偶子だけを作っていたと思われます．いわばみんな雄型で，ただしおそらくプラス型とマイナス型に分れ，配偶子は自分と違う型とだけ接合できたのでしょう．大型で動けない配偶子を作る雌はいろいろな段階で何回も進化しました．この理由はかなり分っています．成体が精子に比べて格段に大きな場合，小さな配偶子をたくさん作るより，数は少なくても大きな配偶子を作る個体が現われればその個体は得をします．なぜなら大きな配偶子は（小型の配偶子と合体した後で）生きのびておとなになるチャンスが増えるからです(4)．

雌が存在する場合，なぜ有性生殖が存在しているかという問題はもっと切実なものとなります（図7参照）．いま，有性生殖をしている種の中に，単性生殖をする雌が出現して，自分と同じような娘たち（単性生殖をする）だけを生むようになったと考えます．そうなればこの先世代を重ねるごとに，単性生殖をする雌の数は，有性生殖をする雌に比べて2倍の速さで増えるはずです．まもなく，この種全部が単性生殖をする雌ばかりになってしまうでしょう．実際に，この道をたどった動植物の種はたくさんあります．

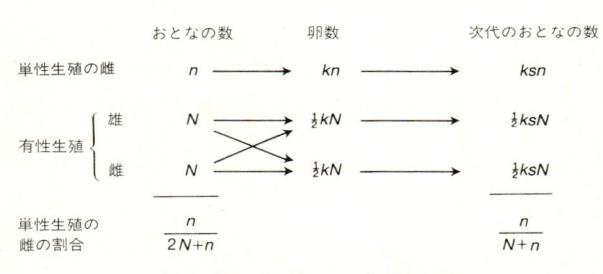

	おとなの数	卵数	次代のおとなの数
単性生殖の雌	n →	kn →	ksn
有性生殖 　雄	N	$\frac{1}{2}kN$ →	$\frac{1}{2}ksN$
雌	N	$\frac{1}{2}kN$ →	$\frac{1}{2}ksN$
単性生殖の雌の割合	$\dfrac{n}{2N+n}$		$\dfrac{n}{N+n}$

図7 性には2倍のコストがかかる
雌は有性でも単性でも k 個の卵を生み，それは割合 s でおとなになるとします．図は，n 個体の単性生殖雌と，N 個体ずつの有性生殖の雌および雄から出発して，1世代後に2種類の雌の割合がどのように変化するかを示しています．もしも単性生殖の雌がまれな場合（つまり N に比べて n が小さい場合）には，このような雌が集団中に占める割合は世代ごとに2倍になります．

　昆虫では単性生殖をする種はふつうにみられます．脊椎動物では，哺乳類には皆無で，鳥では人に飼われるようになったいくつかの系統でみられるだけですが，トカゲには単性生殖の雌だけしかいない野生種がいます．しかし，性を完全に捨てた種は，進化のタイムスケールで見ると短命であるのも事実です．単性生殖がその場での2倍の利益によって確立されたとしても，そのような個体群は環境の変化に見合った速さで進化できないために結局は滅亡してしまうようです．しかし，単性生殖による2倍の利益に負けないようなその場での利益が有性生殖にはあるのだと考える根拠もあります．最も強い根拠となるのは，同じ種の中

で，ある雌は有性生殖を，他の雌は単性生殖をするという例があることです．性に短期的な利益がないなら，とっくの昔に単性生殖の雌が有性生殖の雌を滅ぼしているはずだからです．

まとめ

　この章で描き出された像は，多分避けられないことではありますが，混乱を極めています．核酸はいろいろな組換えられ方をしますが，そのすべてを考えに入れるとしたら，話は余計にこんがらがるでしょう．ここで主要なことをまとめてみましょう．少しは分りやすくなるかもしれません．まず一方では，核酸はすでに存在していた核酸のコピーとしてのみ生じます．この意味では，遺伝情報は潜在的には不死です．しかし他方では，DNAの断片は絶えず分離してはまた連って新しい組合せを作ります．高等生物では組換えの起る過程はふつう，性的な過程で，その範囲では単一の種のDNAにおいて起るだけです．しかし単一の個体の染色体では，DNAの断片が複製されたり，移動したりすることもあります．ときには，真核生物であっても，遺伝物質が縁の遠い生物との間で移動することもありますし，原核生物ではこの可能性はもっと高くなります．いちばんの難問は，このように広範に見られる遺伝的組換えの進化の原因と進化の過程についてのものです．この問題が難しいのは，組換え現象が，それが起っている個体の適応度に影響するのではなく，特定の遺伝子が将来の世代

において結合することになる他の遺伝子に対して影響するという事実によります．真核生物での性の進化も，性を捨てた雌には2倍の利益があるという難関があるため，難問中の難問です．

4章 自然のパターン

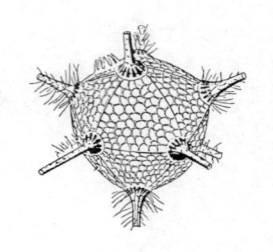

2章と3章では進化のしくみについて考えてきましたが，進化によって起ったことについてはほとんどふれませんでした．この章では私たちが目にする生物の種類（これを「自然のパターン」とよぶことにします），およびこのパターンと進化の過程との関係について述べたいと思います．

生物の階層分類

現在，生物を分類する自然な方法は，次つぎに重ねていく方式，つまり階層型にすることであるということが一般的に認められています．私たちはまず生物を種に分けます．そして種をまとめて属に，属を科に，科を目にというふうに続けます．このような分類が「自然」であるというのはどういう意味でしょうか？ どんな物の集まりでも結局はこんなふうに分類できます．それらの物にさまざまな特徴（大きさ，形，色など）がランダムに割当てられているような場合を考えてみましょう．その集まりは，ある特徴（たとえば大きさ）を任意に選ぶことによってグループ分け（たとえば異なる目に）できます．次に第2の特徴を

任意に（たとえば色）選べば上の各目をさらに科に分けることができ，これを続ければ完璧な階層分類ができ上ります．しかし，このような分類は自然であるとはとてもいえません．ただ単に用いる特徴の順序を変えるだけでも違った分類ができ上ってしまうでしょう．

　このたとえが，なぜ私たちが階層的分類を自然だとみなしているかを分らせてくれます．実際には，上に挙げたような例とは違って，いろいろと違う特徴を手がかりに用いても私たちは同じ分類に行きつくのです．たとえば，脊椎動物は最初からだの構造にもとづいて分類されました．もし今，まったく新たに生化学的な特徴にもとづいて分類し直したとしても非常によく似た結果が得られます．しかしこのことは，自然分類が存在する（形質がランダムに割り当てられているような場合は除くとして）ことを示してはいても，自然分類が階層的であることを示してはいません．物の集まりを整理する方法はほかにもあります．たとえばメンデレーフの周期律表における元素の自然の配列ではいくつかの特徴がくりかえし現われます．動物を分類する自然な方法が階層的なものであるということもいつも自明だったわけではありません．昔の解剖学者はすべての生物を1本の「自然のはしご」の上に直線的に並べました．ヒトはその中ほどに位置し，その上には天使，大天使，神が，下には動物たちが配列されました．19世紀初頭には，いちばんよい体系は五角形を組合せた形であるとする解剖学者もいました．

このように，対象の集まりを分類する自然な方法が常に階層分類であるとは限りませんし，生物を分類する最上の方法であるともいえません．階層にすることは数理的には正当化できます．この場合，階層の上から下へ行くに従って全体の変異性が減少するように配列しなければなりません．しかし，いま問題にしたいのは，もし分類する対象が枝分れ的な過程を経て現われてきたものだとすれば，私たちはそこに階層的なパターンを見ることができるだろうということです．対象は生物である必要はありません．言語は（自動車は違います）枝分れによって生じましたから，階層的に分類できます．

歴史的に見ると，人びとは進化を信じたことによって階層分類へと導かれたわけではありません．むしろ，階層分類が適切であることが分ったから進化論に肩入れしたのです．しかし，このような分類は自然であったとしても，恣意的な面を持っています．たとえば私たちは，小型のネコ類（ネコ，ヤマネコ，オセロットなど）を *Felis* という1つの属に入れ，大型のネコ類（ライオン，トラなど）をそれとは別に *Panthera* という属に入れます．この2つのグループを同じ属に入れてもまったく理屈の上ではさしつかえありません．さしつかえるのは，イヌを *Canis* 属に入れておきながら，オオカミを *Felis* 属に入れるようなばあいです．いいかえれば，オオカミとイヌは，どちらもネコよりは互いと似ているという事実は恣意的なものではありませんが，2つの種を1つの属，あるいは1つの科に入れ

る場合，その基準となる類似度をどう認識するかについてはある程度恣意的な部分があります．つまり，パターンは恣意的ではありませんが，それを記述する言葉はある程度恣意的なのです．

しかし，恣意的であってはならない分類レベルが1つあります．それは種です．つまり，ライオンを *Panthera leo* と分類するか，それとも *Felis leo* と分類するかは恣意的でもかまいませんが，すべてのライオンを単一の種とするか，あるいはいくつかの種に分けるかについて恣意的であってはならないのです．このことは当り前と思えるかもしれませんが，かなりの論争の対象であり，また過去においてもそうでした．

種は実在するか

この論争について述べる手はじめとして，18世紀末に2人の主導的博物学者がとった立場について考えましょう．2人とはフランスのビュフォンとスウェーデンのリンネです．どちらも後では自分の意見を修正せざるを得ませんでしたが，最初は一方は極端な「唯名論者」，片や極端な「実在論者」でした．ビュフォンは，実在するのは個体だけであると主張しました．個体をまとめて種とするのは便宜上のことであり，そうしないと名前をつけることができないからにすぎないというのです．つまり「唯名主義」です．対照的にリンネは，それぞれの種にはその種の本質的特徴，すなわち種の本質が存在し，個々の個体には違いが

あってもそれは非本質的な違いであると論じました.

一見，ふつうに経験する観察からすればリンネに利があるように思えます．動物や植物は明らかにはっきりとしたグループに分かれているからです．ある地方に関する鳥やチョウや哺乳類の野外観察のガイドブックを買えば，あなたが見つけた動物はその本にのっている種の1つにはっきりとあてはまります．イギリスではシジュウカラ類で見られるものは，アオガラ，シジュウカラ，ヒガラ，カンムリガラ，ハシブトガラ，コガラのいずれかです（正確にいうなら，最後の2種は鳴き声を聞かないと区別しにくいのですが）．中間的なものは見つからないでしょう．植物についても大体同様です．ただ，植物の方が，記載されている2種の中間型が見つかることがあります．種の実在を支持するもっとも説得力のある理由として，先史時代の人びとによって認識された動植物の種類が，同じ地域で現代の分類学者によって認められた種と，ほとんど正確に対応しているという事実が挙げられます．もし種というものが，名前を付けるだけのための恣意的なグループ分けであったら，このようなことにはならないはずです．

それぞれが本質的要素を持った，互いにはっきりと異なった種が実在するという考えが正しいとしたら，生物学は物理科学に近いものになります．化学は酸素，炭素，鉄などの元素の存在を基礎にしています．酸素の原子は，それぞれの位置，運動速度，励起状態などに違いはあっても，本質としてはみな同じです（酸素にいくつかの同位元素があ

ることは分っていますが, いまの議論には大した影響はありません). 酸素原子はほかの原子とはまるで違うのです. 物理学者は, 物質とエネルギーのもとになる素粒子が何であるかを決定するのに苦労していますが, そのような素粒子があるということでは一致しているようです. したがって, 物理学も化学も実在論者に思えます. 物理科学者は, もし元素や素粒子が存在しなかったら, 自分たちの研究対象がどんなものか想像もできなくなってしまいます.

しかし, ふつうの観察, そして物理学の例とは異なり, 種を実在論的に考える考え方は今では完全に放棄されているのです. だからといって, 代りに唯名論を採用したわけではありません. それどころか, 種はたしかに実在するけれども, しかし種には本質などはないと考えられています. この立場はリンネともビュフォンとも矛盾しているように見えます. もっと説明が必要です.

種とは, 互いに交配できる個体の集団を指します. もっと正確には, 私たちはワイト島のアオガラと, それとは交配できないほど遠く離れた英国本土のアオガラを違う種であるとは思いませんから, 種とは実際に, または潜在的に交配可能な個体群であるということになります. どの場所でもアオガラには変異がありますが, 性や齢の違いを除けば彼らを2つ以上のグループにはっきりと分けることはできませんし, どこへ行ってもアオガラとシジュウカラの区別ははっきりしています. これらの中間型は存在しません. なぜならこの2種は交雑しないからです.

この考え方に従えば，交配があるかないかが2つの型の個体が同種であるかどうかを決める基準になります（たとえば北極圏のオオトウゾクカモメには体色が濃いものと薄いものがありますが，両者は自由に交配できますから同種です）．また，このことは，自然界の生物がみな互いに不連続なグループに分れる理由ともなります．この基準は2つの型が自然界でふつうに交配するかどうかであって，飼育下でむりにさせることができるかどうかではありません．たとえば *Anas* 属のカモ類（マガモ，オナガガモ，オカヨシガモ，コガモなど）は飼育舎の中では交雑して，生殖力のある雑種の子どもをつくります．しかし，自然界でこのようなことは起らず，それぞれの種はきちんと保たれています[1]．このことは同時に困った問題をもひき起します．離れた所にすんでいる群れが同じ種に属するかどうかをどうしたら決められるのでしょう．時にはこれは不可能です．ですから，地理的な障壁があって2つの群れが出会うことが決してないような場合には，それらを単一の種とするかしないかは恣意的な問題になります[2]．

有性生殖があると種がみな比較的一様になり，有性生殖がないと種間の不連続性が生じるというような考えはどうやって証明できるでしょうか．ほかの考え方として元素が非生物のさまざまに異なる安定状態であるのと同様に，種は生命体のさまざまな安定状態を表わすという考えもあります．このことの検証としては有性生殖を放棄した単性生殖の群れを調べることが挙げられます．時としてこのよう

な場合，たとえばムチオトカゲのさまざまな「種」にみられるように群は極度に一様です．しかし，このことはそれぞれの種が比較的最近になって生じた（ふつうは現存の有性生殖の種の交雑で）ことがほぼ確かであり，そのため，実質的な変異を生じるだけの時間を経ていないためと思われます．一方，植物では高い変異性を持った無性生殖の種があります．たとえば，英国にあるヤナギタンポポ属（*Hieracium* 属）の植物（タンポポに似た花をつけるキク科の植物）は，数百に達する種が命名されていますが，種の数をいくつにすべきかについては専門家の間でも意見が一致していません．ある地域に生えているヤナギタンポポ属の種類の数は，自然な形では決められないのです．このことは他の多くの無性生殖の植物にもあてはまります．

　このように，自然界の変異のパターンをみると，種を元素と同じような安定状態とみなす考えは無理なようです．しかし，少なくとも同時に同地域に存在する有性生殖生物に限るなら，やはり種は実在し，種間の不連続性も実在します．つまり，重要なのは種間の交雑を防ぐ機構にあるといえます．ですから，種の起源の問題は，どうしてそのような隔離機構が生じたかという問題におきかえることができます．実際には，この問題についても諸説があります．確実に重要な過程として地理的隔離が挙げられます．地理的な障壁によって分けられた2集団は，それぞれ違う方向に進化することがあり得ます．隔離が長期間続けば，集団間の違いはどんどん大きくなり，そのあとで再び出会って

も，互いに違う種として行動するようになるでしょう．生物学者によっては，これが種の分化の唯一の，または少なくとも支配的な機構であると考えます．しかし，もっと多元的な見方をする人たちもいます．どちらの学者も，新しい種が，特に植物では既存の種の間の交雑によって生じることがあると認めています．しかし，地理的隔離なしで1つの種が2つに分れ得るかどうかについては議論が分れます．このような「同所性」の種分化は，種の違いが単一の遺伝子座の違いなどでなく，多くの遺伝子の違いによっているという事実から考えて，起りがたいように見えます．有性生殖によるかけ合せが起るたびに違いがなくなっていくはずなのに，このような違いが確立するとは考え難いからです．しかし，私はこの困難が乗り越えられないものとは思いません．特に，一遺伝子の突然変異が，生物が新しい環境に適応するのに大きな効果を及ぼし得ると考えれば説明できます．実際，植物の「生態型」（特定の生息場所，たとえば海岸に適応した集団）についての遺伝的な解析によれば，時にはかなり少ない遺伝子突然変異によって形態的な変化の大部分が起ることが示されています．

種以上の分類は意味があるのか

このように，種は物質の安定状態と比較することはできませんが，しかし実在します．では，もっと上のカテゴリー，すなわち属や目や綱などはどうでしょうか．太古の人びとの見方も現代の分類学者の見方も，種についてだけで

なく，もっと上のカテゴリーについても，少なくともある程度一致しています．「自然な」カテゴリーとして無尾類という，カエルやヒキガエルを含む両生類の1つの目を考えてみましょう．だれでも，脊椎動物を分類しようとしたら，無尾類を1つのグループとして認めない人はいないでしょうし，おとなの脊椎動物を見せられたら，それが無尾類かそうでないかについて迷う人がいるとは思えません．もちろん，無尾類が科，目，綱のどれに相当するかというのは恣意的なことで，重要なのは無尾類が自然集団であるということです．

　脊椎動物というグループになりますと，それが自然集団だと認めるのは難しくなりますし，軟体動物（カタツムリ，ハマグリ，イカなど）はもっと難しくなります．なぜならそこでは共通点は基本的な形態だけで，形にも習性にも大きな幅があるからです．しかし今日では，これらの集団の正当性について疑問をもつ人はいません．もっとも，魚類とか爬虫類といった集団の正当性については若干の議論があることを述べておくべきかもしれません．分類学の一派（「分岐分類学派」）は，「単系統」の集団，すなわち，共通の祖先から由来するすべてのものを含む集団しか認めるべきではないと主張します．それに従えば，魚類は単系統ではありません．なぜならサメやニシンの祖先は陸生の脊椎動物全部の祖先でもあるからです．爬虫類もまた単系統ではありません．トカゲやカメの祖先は鳥や哺乳類の祖先でもあるからです．他の分類学派は，魚類が単系統でないこ

とは認めても，それでも魚類を1つの綱として扱います．なぜなら魚類は他の脊椎動物に見られない多くの特徴（たとえばおとなにもえらがあるなど）を共通して持っているからです．この議論は分類学者を夢中にさせはしましたが，私は重要なこととは考えません．単にどう名づけるかが問題になっているだけで何が真実かが問題になっているわけではないからです．

　最大のグループである門，たとえば脊椎動物，軟体動物，節足動物などをみると，どれをとっても遺伝のしくみ，生化学的性質，細胞の構造などは驚くほど似ているのに，グループ間の中間型は存在しません．どう考えても，中間型は存在したことすらなかったに違いありません．ということは，これらの門に共通の祖先はどの門に比べても極度に単純な形をしたものであって，複雑な構造（たとえば体節構造，骨格，眼など）は門ごとに独立に進化したと考えられます．もっとも6億年より前の化石の記録が十分でない以上，たしかにそうだとはいえませんが．

形を制約するもの

　このように，異なるさまざまな基本形態があって，しかも中間型がないという事実から次のような疑問が生じます．生物には現在のいくつかの門が示している少数の設計図しかあり得なかったのでしょうか．それとも私たちは歴史の中で起きた偶然の積み重なりの結果を見ているのでしょうか．ダーウィン以前の比較解剖学者は前者の見方をと

っていましたが，ダーウィン以来，後者の見方が優勢になりました．

　私自身は歴史の中での偶然の重なりという見方をとりますが，この偶然には，工学的な制約と，発生現象の保守性という2つの条件が附随していると考えます．例を挙げて説明しましょう．脊椎動物の眼とイカの眼は互いによく似ていますし，カメラとも似ています．その理由は，入射する光の像をとらえるにはほかにあまり方法がないからです．しかし，これがただ1つの方法でないことは，節足動物の複眼を見れば分ります．また，生物の眼は，カメラと同じような設計上の制約を受けてはいません．魚類の眼のレンズは，屈折率が中心から周辺に向って連続的に変るように作られています．これは大変効率のよいしくみで，人間の工学技術はまだこれにはとうてい及びません．

　このように，形態的に見ると，工学的な問題がうまく解決できるような方法には限りがあるように思えます．しかし，このような類似点は時にはどちらかというと表面的なものに過ぎないこともあります．たとえば，飛行という現象は動物界で4回別々に進化しました（昆虫，翼竜，コウモリ，鳥）．いずれにおいてもからだの側面に動かせる薄いでっぱりができました．しかし似ているのはそこまでです．脊椎動物の3例で比べてさえも，5本指の足が変形したものであるという基本点は共通ですが翼のつくりはまったく違います．

　これらの例や，他の例から考えて，工学的なデザインは

構造に対してはどちらかというとゆるい制約しか与えていないと考えられます。もっとも，場合によっては精密な量的制約が形を決めることもあります（たとえば鳥の翼の形は特定の飛び方に極めて正確に適応したものになっています）。大きな構造はともかく，ある器官の細かな構造については，それが祖先型から変化して生じたと言うのがもっともよい説明になります。しかし，この説明は，祖先型がどうして生じたかについては答えていません。

ある門の動物のからだの基本的な設計を調べると，それは祖先型が直面した工学的な設計上の問題に対する解答とみなすことができます。脊椎動物の基本型を例にとってみると，からだの筋肉は節状になっていて，軸になる固い棒状の脊索，あるいはそれが置き換った脊椎があり，肛門の後方にのびた尾があります。これらの特徴によって，からだをくねらせて泳ぐことが可能になります。また，2対のひれまたはひれに由来する肢がありますが，これは，からだのどの部分にも縦にはたらく力を発生させるのに最小の数です（1対だとからだの1点にしか力がはたらきませんし，3対だと多過ぎます[3]）。脊椎動物の頭蓋骨，あご，えらは，古くからの精密な研究の結果，もともとは細かな餌をこし取って食べるための装置が変形して，もっと大きな餌を取れるようになり，また骨が互いにくっついて脳を守る容器になったのだと説明されています。

いいかえれば，現在の脊椎動物の構造は，遠い祖先では特定の生活のしかたに適応していた諸構造から由来したも

のであると理解できます．それでは，生活のしかたが変ったのに，なぜ基本的な設計は同じままなのでしょうか．ヒトは水中をからだをくねらせて泳ぎながら餌をこし取って生きているわけではありません．しかし，ヒトの胎児はいまだに脊索を持っています．このことは，脊索がもはや泳ぐことに役立たないにしても，発生に際して今でもある役割を果していることを示唆します．多分，その役割は，それに接する表皮をたたみ込んで神経管を誘導することにあるのでしょう．

　進化の一般的な特徴は，新しい機能が新しく作られた器官によってではなく，前もって存在した器官が部分的に変形してできた器官によって果されるということです．私たちの歯はうろこの変化したものですし，耳小骨はあごの骨の，腕はひれの，乳腺は汗腺の変形です．進化が小さな変化の連続によるものだとすれば，このようなやり方以外には方法は考えられないでしょう．

　さて，今まで述べたことから自然にたどりつく結論としては，各門の基本的なからだの設計は，特定の生活に適応した祖先型の構造を表わすものであり，それらが異なる機能を果すように変化してきたのだといえます．それなら，生き方も習慣も変ったのに基本型が保存されているのはなぜでしょうか．馬のいらない乗り物を設計する技術者は，馬に合わせるためにだけあるような構造を保存する必要はありません（もっとも，実際にはしばらくはそのような特徴が保持されましたが）．進化においては，変化が少しずつしか

起らず，しかもその変化はそれに先立って存在したものの改良によるので，どうしても古い構造が残るのです．このような段階的な変化では，徹底的な作り直しは不可能なのです．

5章　進化生物学の諸問題

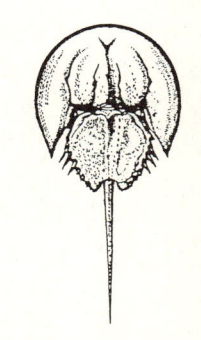

　人びとが，自然淘汰による進化という考えに疑問をもつのは至極当然のことです．だれでも，自分がまったくの偶然や，意図をもたない淘汰の産物であるとは考えたがりません．また私たちが目にする動物や植物の複雑な構造が，このような道筋で生じたとは考えにくいのも確かです．ダーウィンでさえ，脊椎動物の眼について考えをめぐらせた時，彼の自信がゆらいだことを認めています．もっとも彼はそれが知性の不足によるのではなくどちらかといえば想像力の不足によると主張しました．この章では，ダーウィンの説を適用する時に起るいくつかの問題について述べたいと思います．

1　時間は十分あったのか？

　ダーウィンの時代には，物理学者はまだ放射能のことを知らなかったので，地球の冷却はかなり速く起ったと考え

られていました．地球が生命に適した温度になってから，まだ100万年もたっていないと考えられていたのです．これはダーウィンにとっては困惑せざるを得ない短さでしたが，幸いダーウィンはこのことをそれほど重要とは思っていませんでした．現在では，地球の起源は50億年以上前で，最古の化石は30億年以上前のものであると考えられています．この年月は，ヒトのような複雑な生物が進化するのに十分なものでしょうか．

この疑問は量的な問題に関するものなので，答えも，たとえ大まかではあっても量的なものでなければなりません．ダーウィンの説に反対する側から出された1つの計算があります．それは生物のような複雑なものが偶然によっては生じ得ないというものです．これは正しくはないのですが，もう少しくわしく紹介する価値はあります．100個のアミノ酸からできている小さなタンパク質を考えます．もしもこのタンパク質が偶然に生じ得ないようなら，生物体はもっと生じ得ないことになります．アミノ酸は20種類あるので，この大きさのタンパク質の種類の数は20^{100}になります．これは途方もない大きな数です．地球の表面が1メートルの深さのタンパク質分子におおわれていて，それらの分子がみな互いに違う構造であったとします．もし各分子の構造が1秒ごとに1回変化するとして，それが地球のできた日から続いたとしても，可能な配列のうち，ごくわずかな種類しか生じないでしょう．したがって，ある特定のアミノ酸配列が，ある機能を持つタンパク質とし

て最良のもので，いったんできてしまえば自然淘汰によって選ばれるとしても，それが初めて作られるのが単なる偶然によっているとは考えられないというのです．だから，ランダムな突然変異と淘汰以外の何かの働きが関与するのだという考えです．

　この種の主張は繰り返しなされてきました．最近のものとして，くず置き場に吹きこむ風によってボーイング707型機が組み立てられるようなものだというたとえをホイルが述べています．これらの考えはまちがっているでしょうか．基本的なことをいえば，生物学者なら，複雑な構造が一遍に生じるとはだれも考えていないということです．ランダムなアミノ酸配列によってできたタンパク質でさえ，ある種の触媒活性をわずかながら持っています．もし自然淘汰による進化がランダムな配列を特定の最良の配列へと導くとしたら，ランダムな配列と最良の配列とのあいだに一連の中間型がつぎつぎとできて，それぞれはその1つ前のものよりわずかでも改良されるに違いありません．1段階ごとに1つかせいぜい2, 3個のアミノ酸がおき代るとしても，各段階で自然淘汰が働けば，わずか100段階で最良の配列が進化できます．これは極めて速く起り得ます．生じそうもない特定の配列がランダムなものから進化し得ることを示す実験例については最後の章で述べます．

　もちろん，この解答は，偶然によって生じることのできるごく単純な構造と，今日見られる高度に複雑な構造との中間に，一連の中間型（機能に関する）があるという推定

を含んでいます．この点についてはこの章の3節で述べます．ここではまず，進化にどれくらいの時間が必要かを算定する方法があるかどうかについて考えたいと思います．この問題に定量的にせまる道は1つしかないと思います．それは，ヒトのゲノムに存在するDNAが，自然淘汰によって特定なものになるだけの時間があったかどうかを調べることです．私たちはDNAがどのように発生を調節するかをよく知りませんが，淘汰によって生み出された，発生の調節に必要な情報のほとんどすべてをDNAが含んでいることは確かです．受精卵においてはほかの構造も重要ではありますが，DNAだけが遺伝をになっていますので，淘汰によってプログラムされ得るのです．

ヒトの染色体には全部で10^9の塩基対があります．しかし，このうちかなりの部分は「高度に反復的」です．つまり，同じ配列がくり返し存在するのです．このような反復配列の役割が何かについては多くの議論がありますが，いずれにしろ，自然淘汰は同じ配列のそれぞれに別々に働く必要はありません．1つに作用すればそれが何回でも複製されるからです．このことを計算に入れると，特定されるべきDNAの長さはせいぜい10^8塩基対となります．

10^8の塩基対を淘汰によって特定のものとするにはどれくらいの時間がかかるでしょうか．大まかな見方として次のようなものがあります．DNAのある1箇所の塩基がランダムであるような生物集団を考えます．つまり，そこにはA，G，C，Tが同じ確率で存在すると考えるのです．

そして，そこにAまたはTを持つ個体はCやGを持つ個体より適者であり，さらにAを持つ個体はTを持つ個体より適者であると仮定します．完全に特定化するにはすべての個体がAを持つことが必要です．もし自然淘汰によって，1世代ごとに集団の半分が死滅するとしますと，完全な特定化には2世代分の時間がかかります．最初の世代でCとGがなくなり，次の世代でTがなくなるわけです．このように，各塩基について特定化が2世代ですむことになります．各世代で集団の半分が淘汰によって死ぬというのはかなり大げさなことですから，もう少しゆるやかにして，1塩基につき10世代かかるとしましょう．この場合だと，$10 \times 10^8 = 10^9$世代あればヒトのゲノムを特定化するのに十分だということになります．これだけの世代のためには，生命誕生以来今日までの時間すなわち3×10^9年あれば十分以上です．

　これよりもっと現実的に考えれば，新しいDNAは進化の過程でランダムな配列として生じたのではなく，すでに存在し，機能を持つ配列からの複製として生じたと思えます．このことは，必要とする時間に2つの影響をもたらします．まず，新しい機能を持つ，新しい配列を得るには，たかだか5パーセントの塩基の置換で十分でしょう．そうなれば時間は短くなります．しかし，そのように置換されたものは，上の仮定とは違って，集団の4分の1からスタートするのではなく，突然変異によってきわめて低い頻度で生じたものからスタートするのです．その意味では必要

な時間は長くなります.この2つの効果は,きわめて大ざっぱにいえば互いに打ち消し合うといえます.

このように,必要とされる長さの特異的配列をもつDNAが淘汰によって定着するには,時間は十分過ぎるほどあったのです.この結論は,化石の記録にみられる変化が,たとえヒトの脳の大きさが過去400万年の間に増大したというような,速い変化においてさえ,実験動物や家畜での人為淘汰に比べると1000倍もゆっくり進行したという事実によっても支持されます.なぜゆっくりかというと,1つには人為淘汰は同時に少数の形質を変えるだけなのに,自然界では多くの変化が同時に起るからだと説明できます.それはともかく,たいていの自然集団では,もしそれがある方向への強力な淘汰がかけられた時に示すであろう変化よりずっと遅い速度で変化します.自然集団を研究すると,ほとんどの淘汰において極端な形質が排除され,現状が維持されることが観察されますが,このことも変化がゆっくり進行するという事実と一致します.

2 すべての変化は適応的か?

動物の形質には,もっと改良できたはずなのに,過去のしがらみのせいでそのままになっている形質がたくさんあります.たとえば,私たちの背骨は下の方で湾曲していて,これが背中の痛みの大きな原因になっているのですが,祖先型が四足で,最近になってやっと直立するように

なったため，このようになっているのです．もっと基本的な設計ミスは，私たちの鼻が口の上にあることです．このため，食物と空気の通り路はのどの奥でぶつかってしまいます．このような配置は，魚類の鼻孔が呼吸のためのものでなく，化学感覚器への入口であったことによります．この種の不適応形質は，私たちが全智の創造者によって設計されたのだとしたら説明できませんが，進化の過程でいろいろな構造がその機能を変えたのだとすれば納得できます．しかし，ここでは，変化にはもともとランダムなものもあるということについて述べたいと思います．

　この考えは15年ほど前に日本の遺伝学者木村資生とアメリカのジャック・キングおよびトム・ジュークスによって，主として分子レベルでの変化に関して提唱されました．その考えとは次のようなものです．タンパク質は100から500のアミノ酸の鎖でできています．時たま，ある個体の中であるタンパクの1つのアミノ酸がほかのアミノ酸と変ります．この変化は有利に働くこともあります．もしそうなら，この変化は淘汰によってその集団の中に定着するでしょう．もっと多くの場合その変化は有害でしょうから，排除されます．しかし，時にはその変化が適応度に何の影響も及ぼさなかったり，及ぼすとしてもごくわずかな影響しかないこともあります．その場合には，その変化が集団に行きわたるかどうかは淘汰にではなく，偶然によって決定されます．このような突然変異は「中立」です．分子進化の中立説によれば，アミノ酸の「置換」，すなわち

ある場所のアミノ酸が他のアミノ酸に置きかえられて集団中に定着する現象のほとんどは中立であると考えられています．

もしこの中立説を採用するなら，あるタンパク質，たとえばヘモグロビンの進化の速度を百万年当りのアミノ酸の置換回数で表現すれば，大よそ一定になります．このことは大変簡単に，またすっきりと証明できますので，ちょっぴり数学的な表現をさせてもらいます．ある生物種が，過去のある世代に N 個体いたとします．ということは，ある特定の遺伝子，たとえばチトクローム C の遺伝子のコピーは $2N$ 個あったことになります．総突然変異率（ある精子または卵の中でその遺伝子のどこかに何らかの突然変異が起る確率）を m とします．突然変異の大部分は有害でしょうし，たまには有利なものもあるでしょうが，ある割合（f）のものは「中立」とします．そうすると，1世代にその種の中で起る新しい中立突然変異の数は $2Nmf$ になります．こんどは未来に飛んで，そこで存在する遺伝子について考えます．十分遠い未来に行けば，すべての遺伝子はそれぞれ祖先のある単一の遺伝子のコピーになっているはずです．そこで，上に述べた $2Nmf$ 個の突然変異のうちのある特定のものがあるかどうかを調べるとします．この特定の突然変異が後代のすべての遺伝子の祖先になる確率はどれくらいでしょうか．この変異は中立なのでほかの変異に比べてよくも悪くもないのですから，確率は $\frac{1}{2N}$ になります．したがって，ある世代で生じ，後に定着する中立

遺伝子の数は $\frac{2Nmf}{2N} = mf$ になります．つまり置換率は中立突然変異率に等しくなるのです．

アミノ酸にいくらかでも置換があると機能に影響が出るようなタンパク質では f は小さいでしょうし，進化の速度も低いでしょう．したがって，もし中立説が真実なら，複雑で精密な機能を持つタンパク質ほど進化の速度は遅いはずです．この説については多くの議論がなされてきました．あるタンパク質をとってみると，その進化の速度が正確にではないにしろ，驚くほど一定であるというのは真実のようです．しかし，私が中立説について，その全部が真実ではないとしても，真実に近いことを確信したのは，タンパク質のアミノ酸配列ではなく，DNAの塩基配列の変化に関してです．染色体のDNAには，たとえばその情報がタンパク質に翻訳されることがないために塩基配列が機能とほとんど関係しない部分がたくさんあります．そのようなDNAでは進化における変化の速度が，もっと制約を受ける暗号部分よりずっと速いことが知られています．これはまさに中立説から期待できることです．

中立説は分子の変化が進化を計測する時計として使えることを示しました．2つの種があって，それが共通の祖先の系列からいつ2つに分れたか（分岐したか）を知りたいとします．この2種の分子配列を比較すればその時間を測ることができます．もっともこの計測は決して正確なものではありません．しかし，分子による計測の方が化石による計測よりよさそうに見える有名な例が1つあります．そ

れはヒトと類人猿の共通の祖先に関するものです．伝統的な古生物学的見地からは，最近までこの二者が分岐したのは1000万年－1500万年前とされていましたが，分子レベルの研究からは500万年前より古くはないとされたのです．化石についての最近の再調査によって，後者の方が正しそうだということになっています．

中立説は「非ダーウィン主義」といわれていますが，これはどのような意味でも「反ダーウィン主義」ではないことに注意する必要があります．木村は常に形態的進化が適応的であり，ダーウィンが提唱したように淘汰によってもたらされることを認めてきました．彼はまた，分子進化のあるものは機能を変え，それによって淘汰されることも認めています．彼の論点は，機能にほとんど影響しないために淘汰にかからない分子の変化も起るといっていることです．この見方については依然として議論がなされてはいますが，私は中立説が勝ちつつあると考えます．

3 進化は常に向上であるのか？

ダーウィンが正しいならば，複雑な適応は段階的に起ります．その各段階ごとに改良が起るはずですし，前節を考慮するなら，少なくとも有害ではないはずです．このように，進化とは登山の過程のようなものだと考えられます．これは正しいでしょうか．（それとも，）ある時には低い適応度の中間型を通らなければならないこともあるでしょう

か.

　進化が谷を横切ることもあったと考えざるを得ないような事実が1つあります.それは種間の雑種がしばしば——実際にはほとんどすべて——両親のどちらと比べても適応度が低いという事実です.しかし,このことは実際の進化の道筋に適応度の低下が含まれるということにはなりません.たとえ話でいうと,山地のある地点から他の地点へ行くのに,水平か上り坂の道だけをたどることができたとしても,2地点を直線で結べば,その線は谷を横切る場合があるようなものです.しかし,進化も時には適応度の低い中間型を経ることがあります.それは,小集団で偶然に起る場合に限られます.勝ち目のない馬が大穴になるようなものです[1].しかし,このような一時的変化は,中間型の数が少なく,また適応度の減少があまり大きくない時にしか起り得ないはずです.

　もし進化が登山のようなものなら,完成してはじめて働きを持つような複雑な構造の進化はどう説明できるのでしょう.端的に言えば,説明できません.そして,そのような構造は実際には進化をしなかったのだというのが答えです.古典的な例として眼があります.レンズや虹彩そのほかを備え,像を結ぶことのできる眼は,もし正確な像を結ぶのに何かが欠けているうちは何の役にも立たなかったとしたら,決して進化しなかったでしょう.しかし,実際には私たちはさまざまな程度の光受容器官を持つ動物がいることを知っています.それらは,明暗だけを感じるものか

ら，入射光の方向が分るもの，そして正確な像を結ぶものまでさまざまなのです．

進化においてある器官に起る変化は，もっと劇的なものが多いといえます．現在飛ぶために使われている羽は，おそらく断熱材として生じたものですし，トカゲで鼓膜から内耳に音を伝えている骨は，魚類のえらの後端部だったもので，その後あごの関節を頭蓋骨に留める支柱になり，ついで今の機能を持つようになったのです．生物が新しい能力を持つのに，まったく新しい構造を発明するのではなく，すでに存在する構造を部分修正することによるというのは，まさに一般原則であると考えられます．体節化（からだが，同じ構造のくり返しになること）は，ある体節の器官を修正し，他の体節はもとのままにしておくことで，古い機能と新しい機能を同時に持てるという点で進化上有利になります．たとえばカニやエビのはさみは歩脚の変化によるものです．

4 「群」適応はあるか？

眼や羽のような構造が生存や生殖の役に立つことを説明するのは難しくはありません．難しいのはそれらができるまでの段階を考えることです．ここで方向をかえて，現在でも個体の適応度に役立っているとは思えない形質について考えることにしましょう．そのようなもののうち，有性生殖については第3章で述べました．そこでは，その形質

が個体の適応度に効くのかそれとも集団全体の適応度に効くのかということが主要な問題でした．ここでは，そのようなことが問題となるほかの形質について述べることにします．

高等動物に共通な特徴として老化があります．つまり，年をとるにつれて死ぬ確率が高まり，またしばしば繁殖率が落ちるという現象です．なぜそうでなければならないのでしょうか．動物は長生きして，それだけ長く子どもを作り続けるほど，自分の遺伝子をたくさん後の世代に伝えることができるはずなのですから．この疑問にはときどき誤った答えが与えられるということでも興味をひきます．ワイスマンは多くの重要な疑問を提起した人ですが，老化については，もし老化がないと個体の入れ代りが起きないので進化も起り得ないからだと説明しました．この考えは2つの基本点で誤っています．第1に，動物に老化という性質が備わっていなくとも事故によっても死にますから進化は進行します．もっと重要なのは，個体にとって有利な形質なら，たとえ長期的にみて種にとって有害であったとしても，それは淘汰によって種に定着するという点です．後になってワイスマンは自分の説の難点に気づき，もっと弱点の少ないいくつかの説を出しましたが，その1つはここで述べる考えに似ていなくもありません．

実は，個体の利益という観点から老化の説明を考えるのは難しいことではありません．ヒトのような複雑な生きものは，時間が与える破壊から完全に守られているとはいえ

ないかもしれません．しかし，私は，若い時には適応に役立つ同じ進化的変化が，年をとった後では健康を損うように運命づけるようなことがなければ，ヒトはもっと長生きするはずだと信じます．例として，まず歯を考えましょう．私たちの祖先の爬虫類では，現在のトカゲと同様，始終歯が生え代っていました．それとは対照的に，私たちは歯を1回だけ，すなわち乳歯から永久歯に代えるようなシステムに進化しました．永久歯がだめになると私たちは大変困ることになります．歯が生え代らないことの利益は何でしょう．永久備品としての歯は，複雑な形に進化して，反対側のあごの歯とぴったり合うことができ，大部分の爬虫類なら不可能なかみ方や砕き方ができるのです．若い時期にうまくかむことのできる代償として，年をとると歯がなくなってしまうのです．これはむしろささいな例です．もし歯だけが問題なら，老化は入れ歯によってなおすことができるはずです．もっと根本的な例は脳です．脳をつくっている神経細胞はおとなでは増殖しません．細胞が死んでも代りはできないのです．このことが私たちの寿命の上限を決めています．しかし，固定した数の細胞でできた脳は，始終細胞が分裂している脳よりよく働くということはほとんど確実です．さて，もし生え代らない歯や増殖しない細胞といった変化が，年とった動物に老化という害を与えたとしてもその代償として若い動物をより効率の高いものにするなら，その変化は自然淘汰において有利となるでしょう．その理由は，ほとんどの個体がいずれにせよ年を

とる前に事故によって死ぬということで十分です．

　一見不適応に見える第2の形質として，自己犠牲，すなわち「利他的」行動が挙げられます．古典的な例として社会性昆虫での不妊性のワーカー（働きアリや働きバチ）がよく引かれます．ワーカーは自身の生殖の機会を犠牲にして女王の子どもを育てます．どうしてこのような行動が淘汰によって残り得るのでしょうか．このような利他的な行動は同じ種の仲間の間で行われるのがふつうですし，通常は安定した社会的な群れで見られますから，まず動物が集まって群れをつくる原因は何か，ということから考えた方がよいと思います．その理由は2つあります．1つは「利己的な群れ」もう1つは「相互の利益」ということばで表わされます．利己的な群れというのはW.D. ハミルトンの考えなので，彼自身がのべた想像上の例を挙げて説明するのがいいでしょう．丸い蓮池の回りにおいてある石に何匹かのカエルが乗っているとします．池には1匹のヘビが潜んでいてランダムに選んだ地点に現われ，いちばん近くにいるカエルを食べるとします．もしあなたがカエルだったとしたら，あなたはどこに陣取りますか．もちろんそれは食べられる危険性のいちばん少ない所でしょう．最良の方法は他のカエルの近くにいることですし，2匹のカエルが接近して座っているようなら，その間にわりこむことです．全部のカエルがこの方針をとれば，1つの密集した群れになるでしょう．ハミルトンは，密集によって捕食を避けようとする動物のいくつかのおもしろい例を挙げていま

す．この行動は完全に利己的です．ヘビがカエルを食べるのを防ぐ手段は決して取られていません．どのカエルも自分が不幸な1匹になる確率を減らすことだけをしているのです．

これとは対照的に，ジャコウウシの群れがオオカミを撃退できるように，群れることによって皆が捕食者に対抗できる場合には，相互の利益を考えることができます．協力する群れに加わる方が，独力で生きるより得な例はたくさん知られています．そのような群れは，利己的な群れに比べてずっと複雑な協同行動を進化させるでしょう．しかし，相互の利益で自己犠牲行動を説明することはできません．ダーウィン流に考えれば，不妊のワーカーはコロニーの中にいることで得をすることはないのです．ダーウィン自身この難問には気づいていて，答えの核心的な部分についても考えていました．彼は，家族としてはそのメンバーが利他的である方が得をすると述べたのです．この問題はフィッシャーとホールデンによってさらに研究されましたが，このことについての現在の考え方の基礎はハミルトンによって築かれました．彼は個体中心ではなく，遺伝子中心の考え方をとりました（59ページ参照）．ある遺伝子が，それを持つ個体に対して，生殖をする代りに近縁者を育てるようにしむけた場合，それらの近縁者の体内に存在するその遺伝子の数が自分自身の子どもでの数より多ければ，集団中のその遺伝子の頻度は増加するでしょう．この過程は「血縁淘汰」とよばれています．どのような条件のとき

にそのような遺伝子の頻度が増加するかを正確に知るためには計算をしなければなりませんが、この計算は、うっかりすると落ちる落し穴がいたる所にあるやっかいなものです.

　ハミルトンのこの説に対しては、主として社会学者と人類学者から2つの批判がなされていますが、どちらも誤解によるものです. 第1の反論は、利他行動を支配する単一の遺伝子などはないというものです. そのような行動は多くの遺伝子座の作用が必要であるとともに、多くの環境条件にも影響される. だから行動は生物体全体の産物であり、単一の遺伝子の産物ではない、というのです. これはほんとうですが、同時に見当違いの反論でもあります. もしこの反論が正当だとしたら、それは複雑な形質すべての進化にあてはまってしまいます. 遺伝学者が「行動Xのための遺伝子」と大ざっぱな表現で言う時、それさえあれば行動Xをひきおこす単一遺伝子があるといっているわけではないのです. いいたいのは、ある動物種の個体に存在すると、他のすべての遺伝子や、その種に特徴的な環境条件と合わさってその個体が行動Xを行う確率をふやすような遺伝子があるということです. そして、もしXという行動によってその遺伝子の複製がその集団中で増加するなら、その遺伝子は広くいきわたるだろうと考えるのです.

　第2の誤解は、血縁淘汰が起るとしたら動物の心の中にそのような考えがなくてはならないというものです.「利

他的」という言葉を使う時，生物学者は動物が仲間を心配することによってその行動に駆り立てられるという意味をこめたがっているのではないのです．それは生物学者が社会性昆虫だけでなく，植物やはてはウイルスの利他行動までも説いていることをみても明らかです[2]．そこで述べられるのは，ある生物が自分の生存や生殖の機会を減らして，同種の他の個体の機会を増やしているという事実だけです．これに関連したことですが，血縁淘汰は動物が他個体と自分の近縁の程度を認識できる場合にだけ起り得るという誤解もあります．これはまったく必要ありません．もし動物が習性として一生のある時期に近縁者といっしょに生活することがあれば，利他行動はそれに関連した遺伝子の数を増やすように働くので淘汰によって残るでしょう．この場合，近縁者を認識できるかどうかは関係ないのです．最近になって，動物が近縁者を認識できると思われる例もいくつか報告されるようになりましたが，今の話の本筋とは関係ありません．

6章　安定性と調節

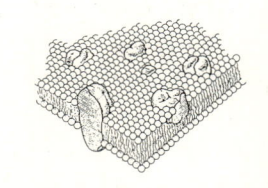

　生化学の研究室へ行くと，たいていの場合壁に「代謝経路図」というものがはってあります．これはよく薬品会社などが宣伝を兼ねて配るもので，1000以上もの有機化合物の名前と構造式が書かれ，それらが矢印で結ばれていて，どの物質が次にどれに変わるかを示してあります．そこに出て来る反応の大部分は生物界に共通で，細菌の細胞でも，あなたや私の肝臓の細胞でも同じように起ります．このような経路についての知識は，生化学者であるために必要な技能の1つです．それはちょうど動物学者であるために必要な技能の1つとして動物の解剖や分類の知識が挙げられるのと同じです．ここではそれらの物質や反応の詳細について述べるつもりはありません．いくつかの一般的な問題とそれに対するある程度の答えについて述べようと思います．問題とは，次の4つです．細胞ではなぜこれら特定の反応だけが起って他の反応が起きないのか？　これらの反応が起るためのエネルギーはどこから来るのか？　全システムを調節するのは何か？　からだの場所によって違う物質が見られるのはどうしてか？

化学反応とエネルギー

まず化学について少しばかり述べます．元素はプラスの電荷をもち中心核をつくる陽子と，マイナスの電荷をもち外殻をつくる電子という2種類の粒子からできています．電荷をもつ物体は互いに引き合ったり反発し合ったりする（異なる電荷はひき合い，同じ電荷は反発する）ので，原子と原子の間には引き合ったり反発したりする力が働き，それによってある結びつき方をして化合物を作ります．ここでは，化学反応には2つの型，すなわち反応によってエネルギーが放出されるものと，反応するのにエネルギーを必要とするものとがあることを知っておいて下さい．たとえば，1個の酸素原子と2個の水素原子が結合して水の分子ができる時にはエネルギーの放出が起ります．このエネルギーはできた分子の激しい振動として現われ，もっと大きな見方をすれば温度の上昇という形をとります．逆に水を酸素と水素に分解するには，エネルギーを与えてやらねばなりません．

2つの物質を結合させても，いつもエネルギーが出るわけではありません．たとえばタンパク質合成の時のように，2つのアミノ酸が結合するにはエネルギーの供給が必要です．では，エネルギーを必要とする反応は，どうすれば起ることができるのでしょうか．そのような化学結合はたとえば，2つの物体を近づけるのにその間のバネをグッと押し縮めなければならず，近づいた所で掛金をかけて離れないようにする（びっくり箱のふたを留めるような）しか

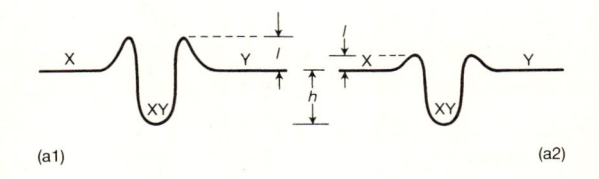

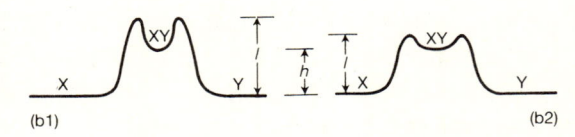

図8 化学反応とエネルギーレベル

(a1) は X と Y が結合して XY になるとき,エネルギー量 h が放出される反応.l はこの反応の開始に必要な「活性化エネルギー」を表わす.XY を X と Y に分解するには,エネルギー h と活性化エネルギー $l+h$ の供給が必要です.(b1) は X と Y が結合して XY になるためにエネルギー h の供給が必要な反応.XY が分解するときには同量のエネルギーが放出されます.この場合,活性化エネルギーは結合反応では l,分解反応では $l-h$.(a2) と (b2) はそれぞれ左の反応の活性化エネルギーが酵素によって下げられたもの.酵素は正味のエネルギー変化 h は変えないことに注意してください.

けに類するものを想像すればよいでしょう.バネを押し縮めるには,原子が十分なエネルギーを持ってぶつからなければなりません.このような結合がこわれる(掛金がはずれる)ときにはエネルギーが放出されます.

2種類の反応でみられるエネルギーのようすを図8に示

します.まずa1を見て下さい.2つの物質,XとYが結合して化合物XYをつくります.そしてその時hで示される量のエネルギーが放出されます.しかし,この反応が起るためには,XとYは「活性化エネルギー」lを乗り越えるために十分なエネルギーでぶつからなければなりません.このため,反応は低い温度では起らないことがあるのです.酸素と水素は室温では結合しませんが,温度を上げれば爆発的に結合します.温度を上げることの効果は1つ1つの分子の運動を速めることにあり,そのため活性化エネルギーを乗り越えての衝突が起るのです.

a1で示したエネルギーレベルでは,XYがXとYに分解することも可能ではありますが$h+l$という,はるかに高い活性化エネルギーが必要です.ですからそのようなできごとはXとYの結合に比べればまれになり,全体としてはXとYからXYが作られる方向に進みます.b1はアミノ酸の結合のように,XとYを結合させるのにエネルギーが必要で,分解する時にはエネルギー放出が起る反応でのエネルギーレベルを示したものです.ここでは結合反応には活性化エネルギーlが必要で,分解反応には$l-h$が必要となります.全体としてはXとYは分解する方向に進みます.

なぜ特定の反応が起るのか

ここで示したのはどちらかというと粗雑なモデルですが,これで第1の質問を考えることができます.なぜある

特定の反応だけが細胞で起るのでしょうか．1つの反応は，その速度を速める特定の酵素が存在するときだけ，適度の速さで起ることができるのだというのが答えです．代謝経路図にのっている反応は，酵素がなければ極めてゆっくりとしか起らないか，または全然起りません．酵素はタンパク質分子で，その働きは化学反応の速度を速めることです．つまり酵素は触媒なのです．酵素は，それが触媒する分子に可逆的に結合し，それによって活性化エネルギーを下げるのです（図8，a2とb2）．注意していただきたいのは，酵素は最初と最後のエネルギーの差，h には何も作用しないということです．たとえていうなら，2つの町が山によって隔てられているとしたら，技術者はトンネルを掘ることによって乗り越えなければならない高さを減らすことはできますが，2つの町の高度に差があったとしたらそれはどうにもできないのです．

　代謝経路図にのっている各反応は，どれも酵素によって促進されています．エネルギーを放出する反応がどのようにして起るかは考えやすいと思いますが，エネルギーを必要とする反応についてはどうでしょう．図8のb1とb2が2つのアミノ酸の間に結合が生じることを表わしているとしましょう．この場合，b1をb2に変える酵素のはたらきは，結合がこわれる反応の方を加速するものになってしまいます．反応を反対の方向，つまり化合物XYの生成の方へ押しやるには，エネルギーの供給が必要で，しかも極めて正確に供給しなくてはなりません．ただ温めるだけでは

何の役にもたたず，分解の方を促進するだけです．前に出した例にこだわることにして，結合の形成を，ピエロ人形をびっくり箱に押し込むのと同じだと考えるなら，正確なしくみとは多分次のようなものになるでしょう．あらかじめ縮んだばねのついているあるしかけを箱につけて，そのしかけのばねがのびるときにピエロ人形についているばねの方が縮んで人形を箱の中に収めるようにするのです．

細胞中の分子の中で，このたとえの中のしかけに相当するのがATP（アデノシン3リン酸の略称）です．あらかじめ縮めてあるばねは，ATPの高エネルギーリン酸結合に相当します．この結合がはなれると，たくさんのエネルギーが放出され，そのエネルギーはほかの反応を促進するのに役立ちます．ただし，ATPが正しい場所にないと，リン酸結合の分解は何の役にも立たず，ただ温度を上げるだけになってしまいます．ATPの分子は，反応を触媒する酵素によって正しい位置に固定されます．エネルギー供給のしかけが単なる無機のリン酸でなく，ATP分子である理由はここにあります．エネルギーはリン酸結合の部分に存在しますが，この分子のアデニンの部分は酵素にとってATPをつかまえるハンドルの働きをします．このハンドルがほかの有機分子でなくアデニンであるというのは，おそらく歴史上の偶然によるのでしょうが，酵素が認識できるような特徴のある分子にリン酸が結合しているという現象は偶然のものではありません．

まとめてみましょう．細胞の中の有機化合物は酵素によ

って生成，分解されます．酵素はタンパク質の分子で，その特異性はアミノ酸の配列によって決まります．ということは究極的には遺伝子によって決められているということです．エネルギーを必要とする反応では，ATPの存在も必要となります．ATPのリン酸結合の分解がエネルギーを生み出します．ATPはエネルギーを必要とするすべての状況で，エネルギー供給のために消費される共通の通貨のようなものであるといわれています．たしかに，化学反応の促進にも，筋肉の収縮にも，また膜を通しての物質の輸送にも使われます．

生体のエネルギーはどこから来るのか

では，いったいこのお金はどこから得られるのかという疑問が生じます．エネルギーの供給にATP分子が使われるたびにリン酸結合は分解し，ATPはADP（アデノシン2リン酸）に変ります．ADPをまたATPに戻すことができなければ，細胞はすぐエネルギーの欠乏に陥ります．ADPからATPに戻る反応には明らかにエネルギーが必要です．永久運動の機械は存在し得ないのですから．動物では，ATPは細胞内の小器官であるミトコンドリア（61ページ参照）で作られます．そこでは，糖などの有機化合物が酸化され，その結果生じたエネルギーがADPをATPに変えるのに使われます．これらの有機化合物は，もとをただせば食物に由来し，動物に必要なエネルギーの源となっています．しかし，ここでもただ糖をもやすだけでは何の役にも

立ちません．それではただ周りのものを熱くするだけです．この反応は放出されたエネルギーがリン酸結合の生成に結びつくような形で起らなければなりません．このしくみがどうなっているかは，ばねや掛金やハンドルのたとえで分りやすく説明することはとてもできません．この部分は生化学の中でも特に複雑であり，しかもまだ完全には分っていないのです．

　植物は違った方法でエネルギーを得ています．もっともその道筋の多くは動物のそれと驚くほど似ています．エネルギー源は日光です．エネルギーの変換は葉緑体とよばれる小器官で起ります．エネルギーは最初，特殊な色素（葉緑素）でとらえられ，それから ATP の合成に使われます．その間の個々の過程のいくつかは，ミトコンドリアでのそれと同様で，共通の起源によることを暗示しています．

　酵素の働き方をはっきりと理解するためには，原子どうしを結びつける力の性質や強さの異なる2種類の化学結合を区別することが必要です．化学の初歩で習う反応や，代謝経路図に出てくる反応の大部分は「共有」結合の形成や分解を伴います．しかしもう1つ，非共有結合というのがあって，結合に関係するエネルギー量が違い，特に活性化エネルギーがずっと低い結合があります．この結合は，表面が互いにぴったりとはまり合う2つの分子を結合させるのに重要な働きをします．活性化エネルギーが低いので，この種の反応は室温でもしばしば可逆的に起ります．タンパク質では，アミノ酸を一列の鎖状につなぐ結合は共有結

合ですが，この鎖がたたまれて球形構造になるときの結合は非共有結合です．ですからこの構造は柔軟です．酵素がその基質（その酵素によって反応が触媒される物質）と結合する時も，非共有結合によります．ある酵素がある特定の物質の反応は触媒するのに，よく似ていてもほかの物質には働かないという事実はその酵素の表面がある物質とぴったりはまり合うのに，他の物質とははまり合わないことによっています．基質が酵素の表面に結合すると，共有結合の形成や分解が起ります．

全システムを調節しているのは何か

さて，それでは第3の疑問に移りましょう．全システムを調節しているのは何でしょうか．この疑問は，それを発する以前にまず，人間によって調節されているシステム以外のものについて調節を議論することに意味があるかという疑問を引き起します．細胞の代謝に特徴的なこととして，さまざまな物質の相対的な量が大体一定に保たれていて，もし外部からのじゃまによってその割合が変えられても，じゃまがなくなればまた元の割合に戻るという性質があります．このような安定性と，1章で生物システムとの比較として述べた水の渦巻きの安定性との間には，何か違いがあるのでしょうか．渦巻きへの水の流れをじゃましても，それをやめればまた元に戻ります．どうして代謝は調整されているが，渦巻きはそうではないという必要があるのでしょう．事実，代謝においては，人間がスイッチを動

かして発電所を調節しているように，代謝を調整する何者かがいるわけではないのです．

でも，私は生体システムの調節と，渦巻きの安定性とは違うと考えます．この違いは，調節に知性が関係しているかどうかという問題とは無関係です．それは簡単な人工のシステムで，物理的よりは生物的なシステムに似たものを例にとれば分ります．セントラル・ヒーティングの家を考えましょう．そこにはサーモスタットがあって，たとえば気温が摂氏20度より下ったら暖房のスイッチが入り，20度を数度越えたらスイッチが切れるようにセットすることができます．ここには注目すべき点が2つあります．第1に，サーモスタットという「感覚器官」があり，それは温度についての情報を電気の情報に翻訳し，電気情報がボイラーを調節します．ちょうど耳が空気の振動についての情報を聴覚神経のメッセージに翻訳するようなものです．第2は，サーモスタットへの小さなエネルギー入力で，ボイラーから大量のエネルギーを放出できるという点です．

渦巻きのような物理的システムには，サーモスタットに相当するものはありません．では，代謝のシステムでは何がサーモスタットに相当するのでしょう．だれもが想像するように，代謝経路図にのっているような複雑なシステムの調節には何種類かのスイッチが大量に必要です．ここではそのうち2種類だけについて述べますが，これらはいずれも主要なものといえます．第1のものは「フィードバック抑制」とよばれます．ある物質Pが最初の基質Sから

いくつかの中間型を経て，S→A→B→C→D→E→P のように作られるとします．各文字は代謝産物を示し，矢印は酵素によって触媒される過程を示します．フィードバック抑制では，最終産物 P が，この一連の変化の最初の反応 S→A を触媒する酵素を抑制するように働きます．このような酵素を「アロステリック」酵素といいます．アロステリック酵素は2つの形をとることができます．P がないときは，この酵素は S と結合してこれを A に変えることのできる形をとります．しかし，P もまたこの酵素と，S とは別の位置で結合できます．P が結合すると酵素の形が変わり，S とは結合できなくなってしまいます．P と酵素の結合は非共有型なので，また容易にはずれます．これで明らかなように，P の濃度が上昇すると P と結合する酵素の割合が増加し，それだけ S から A への変化の速度が落ち，結局 P の生産も低下します．もし基質 S に他にも使い道があるなら，最初の段階 S→A を調節する方が，たとえば最終段階 E→P を調節するよりずっと効率的なのは明らかです．後者の場合だと E がたまってしまいます．

　この例では，アロステリック酵素をスイッチと考えることができます．このようなスイッチはほかの使い方もできます．たとえば，物質 P を自身の代謝経路の調節にではなく，ほかの経路の調節に使うことも可能です．ちょうど，サーモスタットをボイラーのスイッチではなくテレビのスイッチを動かすのにも使うことができるのと同じです．

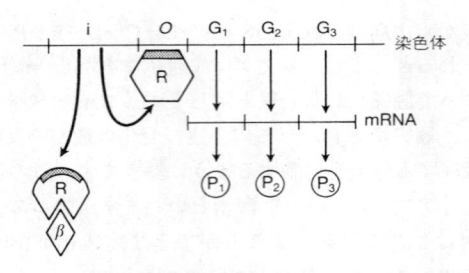

図9 細菌の遺伝子の調節

遺伝子iはリプレッサータンパクRをつくり，Rは染色体の特定のオペレーター部位 O に結合し，遺伝子 G_1, G_2, G_3 の遺伝子からmRNAがつくられるのを妨げます．酵素 P_1, P_2, P_3 の基質 β が存在すると，β はリプレッサーに結合してその形を変化させるため，リプレッサーは O に結合できなくなるので，遺伝情報が発現します．リプレッサーの表面の影をつけた部分が染色体と結合する部分です．2つのリプレッサーが示されていて，1つは基質分子 β と結合していて，影の部分が曲がり，染色体に結合できなくなっています．この調節システムは，基質があるときに酵素がつくられ，基質がないときはつくられないという効果を持ちます．

このようなスイッチは，複雑な代謝システムの安定性を，存在する酵素分子の種類や数を変えることなしに保ちます．しかし，タンパク質の分子は不死ではありません．それらは分解されますので，また作られなければなりません．そこで，酵素分子の数を調節するしくみが必要になります．このようなしくみは，状況の変化に応じてタンパク質の種類を変える必要があるときに特に役立ちます．フランスの生物学者フランソワ・ジャコブおよびジャック・モ

ノーが1959年に大腸菌で発見した古典的な例をひきましょう（図9参照）。大腸菌には，1つながりになった3つの遺伝子（図9のG_1，G_2，G_3）があり，それらにはP_1，P_2，P_3というタンパク質の情報が入っています。これらのタンパク質は，大腸菌がガラクトシド（エネルギーに富んだ物質で，環境に存在するときとしないときとがある）を利用する際に必要となります。ガラクトシドがなければ，これらの遺伝子は不活性ですので，タンパク質は作られません。使えない酵素を作ってもしかたがないのです。ガラクトシドを大腸菌を培養している液（培地）に入れると数分の間に遺伝子のスイッチが入り，酵素が現われます。

前の例と同様，この調節もリプレッサー（図のR）とよばれるアロステリックタンパク質によっています。リプレッサーは調節遺伝子（i）にもとづいて作られます。調節遺伝子のスイッチはいつもオンになっていて，リプレッサーを少しずつ作ります。リプレッサー分子は染色体の「オペレーター」と呼ばれる部位（O）に強く結合してG_1，G_2，G_3の情報がmRNAに転写されるのを抑えます。ですから酵素は作られません。いま，培地にガラクトシドが加えられたとします。ガラクトシドの分子（図のβ）は細胞に入り込んでリプレッサー分子に結合し，それによってリプレッサーを，オペレーター部位に結合できないような型に変えます。その結果，G_1，G_2，G_3のスイッチが入り，酵素が合成されます。培地からガラクトシドがなくなると，リプレッサーは再び酵素の合成をストップさせます。

リプレッサータンパクとオペレーター部位およびガラクトシドとの結合はどちらも非共有結合ですから簡単についたりはなれたりできますので、合成のスイッチも切れたり入ったりをくり返すことができます。

ガラクトシドが存在したりしなかったりするというような一時的な環境の変化に対応するためには、すばやく切りかえられることが調節システムにとって必要です。9章で述べますが、遺伝子の活性の変化がもっと長続きする例もあります。それは高等生物の細胞の分化に関係して起るもので、たとえば腎臓、肝臓、腸その他の細胞のあいだにみられる違いに関係します。この種の変化は、細胞が新しい化学的環境に順応する時に起る変化に比べるとあまりよく分っていません。

モノーは、彼の著書『偶然と必然』の中で、右に述べた調節法がもたらす結果について強調しています。引用すると、「結果は、そしてそれがきわめて重要なのだが、アロステリックな相互作用による制御があれば何でもできるということである」。アロステリックタンパクに結合する物質と、そのタンパクが触媒する化学反応との間に何のつながりもなくてよいのですから、代謝の結果は、化学の法則によって完全で説明できるものではあるけれども、それらの法則によって決定されているのではなく、生物体の生理的要求によって、そしてもっとつきつめれば自然淘汰によって決定されているのです。モノーが「無原因性」とよんだこの特徴は、43ページで述べた遺伝暗号の恣意性と類

似しています.

場所によってなぜ違う物質があるのか

　この章の最初にのべたうちの第4の疑問は,場所の違いによって化学組織が違うことについてのものでした.1個の細胞の内部でさえも,部分部分で組成が違います.たとえば,ATP合成が行われるミトコンドリア(113ページ参照)は膜で囲まれたごく小さな袋ですが,その内部と外部とでは存在する物質が違います.しかしまず,生物体の内側の組成が外側とは違うというやさしい事実から話を始めましょう.水中に住む単細胞生物を思い浮かべて下さい.細胞の中で合成されるさまざまな物質が自由に外へ逃げ出したら困ることになるのは明らかです.しかし,細胞を物を通さない膜で包むことはできません.なぜなら細胞は外から物質——食物——をとる必要があるからです.そうかといって,外からとる必要のある物質は通し,大切な物質は出ていかないようにちょうどよいサイズの穴を持つというのも不可能です.細胞は時には小さな分子を保持し,大きな分子を出すことも必要になるからです.

　ここで,膜に囲まれた細胞があって,その細胞が生きるためにはある物質(X)が内部にたまることが必要だとします.もし膜がXを自由に透過させるなら,Xはランダムに透過して,内側と外側のXの濃度は同じになるでしょう.内側にXを蓄積する方法は2つあって,両方とも実際に行われます.第1の方法は,細胞の中にXと結び

つく特定のタンパク分子を持つことです．その結果，Xがランダムに透過して内部に入った時タンパク質に結びつくのですが，そのタンパク質は大き過ぎて膜を透過できません．結合していないXの濃度はそれでも内と外では同じですが，Xは結合された形で内部に蓄積します．第2の方法は，Xをつかまえて外側から内側へという方向をもった輸送を行う特殊なタンパク質を膜に備えることです．この現象を「能動輸送」といいます．このような輸送がどうやってできるのかを述べたいと思いますが，その前に，このしくみが生命の維持に役立っている例を示します．

淡水魚の血液の塩分濃度は，からだのまわりの水よりずっと高くなっています．もし何も調節がなされなければ，えらやそのほかの透過できる部分から水がどんどん入り込んで来て，魚はふくれ上って死んでしまうでしょう．事実，水は流れ込むのですが，また尿の中に捨てられるのです．腎臓では，体液が腎臓にある小さな管（細尿管）の中へ押し込まれます．そのあと塩分は能動輸送でまた管の外側の血液に戻され，管の中には薄い尿が残ってそれがからだの外へ出されます．少し説明が簡単過ぎますが，肝心な点，つまり，場合によっては物質が膜を通して，濃度の勾配にさからって運ばれる必要があることは分っていただけると思います．

膜を通しての能動輸送が確かに起るのだと言い張るのはやさしいことですが，どのように起るのかを説明するのは簡単ではありません．このしくみがエネルギーを必要とす

るのは明らかです．あるシステムで状態 A から状態 B へという変化が自動的に起っているとしたら，逆の方向へそれを進めるにはエネルギーがいります．もうお分りと思いますが，このエネルギーは膜で ATP を ADP に変えることによって得られ，そのエネルギーは膜にある特殊なタンパク質によって使われます．膜にはそのようなタンパク質が何種類もあり，それぞれきまった物質の輸送に関係していると考えられています．しかし，ATP のエネルギーが，塩分その他の物質の能動輸送とどう結びつくのかを説明するには，タンパク質の化学についての深い学識が必要で，私の知識では残念ながら不十分です．

　能動輸送についてかなり長々と説明しましたが，それはこのしくみが，生物体の場所による違いを保つのに重要なものの 1 つだからです．魚の塩分調節，植物の根からの栄養分の吸収，神経での興奮の伝達など，広い範囲の現象が能動輸送によってなりたっています．もう 1 つだけ例を挙げるなら，図 9 の中の遺伝子で作られるタンパク質の 1 つは，ガラクトシドを細胞内へ輸送するはたらきをもつものです．

構造と調節

　1 つの細胞という規模では，内部の分子は拡散によって動きます．もっとも細胞という規模でさえ，染色体や液胞のような大きなものは微小管とよばれる繊維の収縮によって能動的に動かされます．大きな多細胞生物では，拡散で

は遅すぎるため,液体をポンプで送る管のシステムが何回も独立して進化しました.このような規模になりますと,上に述べた生化学的な問題に加えて,新しい問題が生じます.基本的にはこれらの問題は工学的なものです.生物学者は,彼らが目にするさまざまな構造が,構成材料や運転条件などの制約のもとで,ある機能を果していることを説明しようと試みます.私はかつて工学者であり,それから生物学者になったのですが,どちらの学問の考え方もよく似ていることに驚きました.もっとも,工学者はまず果されるべき機能から出発して,そのための構造を設計するのに対して,生物学者は多くの場合,構造から出発して,それが果している機能を調べなければならないという違いはあります.

この考え方を説明するために,ごく単純な例を挙げてみましょう.陸上動物は,水分を失わずに酸素を得るという課題をどう解決しているでしょうか.酸素を通す膜なら,水も通してしまうでしょう.ですから,明らかに水をまったく失うことなしに酸素を得る方法はないのです.できるのは水の損失を最少にすることだけです.そのようにする唯一の方法は,空気を体内の肺にまで運び込んで,そこでできるだけ多くの酸素を取り入れることです.この取り込みは生化学的な問題で,ヘモグロビンの分子がそれを解決しています.ヘモグロビンは肺を内張りしている膜を通して拡散して来る酸素と結合します.これは前に述べた,物質を膜の一方の側に蓄積する第1の方法であることに注目

して下さい．肺の膜を通るには大きすぎるヘモグロビンによって，酸素が結合されるのです．この方法では，肺の中の空気が水蒸気によって飽和され，そのため呼吸によって水分が失われるという代償を支払うことになります（もっとも，外へ出るまでに空気が冷されれば，いくらかは鼻への管で回収されます）．ですから，最上の手段は吸い込む空気の量を，必要な酸素量に見合う必要最小限に抑えることです．このような調節は，空気の流れを抑制することが可能な体内の肺でガス交換をするという手段ではじめて可能となります．湿地に住むカエルではこれとは対照的なしくみになっています．水を失っても問題がないので，彼らは主として血管のよく発達した表皮で呼吸しています．まだ，空気の流れを調節する問題が残っています．砂漠の動物はできるだけ呼吸を少なくする必要があります．そのような調節では，血液中の酸素の濃度を正確に測定し，それに応じた呼吸の速さを決める必要があります．

　このような考え方は，空調システムを設計する工学者の考え方と明らかによく似ています．難しいのは調節と情報伝達の問題です．動物では，からだの異なった部分の間の情報伝達に，2つの主要な方法がとられます．ホルモンによる伝達では，ある場所で合成された物質が液体の流れによって他の場所に運ばれ，そこで化学信号として作用します．神経による伝達では，メッセージは神経繊維の中を電気的なインパルスとして運ばれます．ここで言っておきたいのは，先ほどアロステリック酵素との関連で述べた「無

原因性」は，ホルモンや神経にもあてはまるということです．特定のホルモンが特定の働きをするということに化学的必然性はありません．たとえばアドレナリンは怒りや恐れと結びついた体の変化をひき起しますが，化学的に見る限り，鎮静物質として作用するように進化したってちっともかまわなかったのです．同様に，ある一連の神経インパルスのもつ意味は，インパルスそのものによって決まるのではありません．その神経がどこ（たとえばどの感覚器のどの部分）から来たのかによって意味が決まり，その神経がどこ（脳のどの部分）へ行くのかによって解釈のされ方が決まるのです．

この章をしめくくるのに当たって，生物体がそこを通過するエネルギーの流れによって維持されている散逸構造であるという，1章で述べた見方に立ち戻ってみたいと思います．この説明は部分的には真実ですが，あくまで部分的です．生きている構造の維持には，エネルギーの流れだけでなく，その流れに対する多くの調節が必要です．もっとも小さな規模では，アロステリック酵素が感覚装置としてはたらき，分子の濃度を測って適切に反応しています．適切にとは，生物体の生存を保障するように，という意味です．これらの酵素のはたらきはそのアミノ酸配列によって決まり，その配列は DNA の塩基配列によって決まり，塩基配列は何億年もの自然淘汰の結果決まっているのです．これらの調節物質——タンパク質と，特に DNA ——は比較的長寿命で，DNA の場合には複製によって次代へ伝達

され得ます．したがって生物体は，エネルギーの流れで構造が保たれているという点では渦巻きに似ていますが，その構造の複雑さは，安定で複製する分子によって調節されているのです．

7章 行　　動

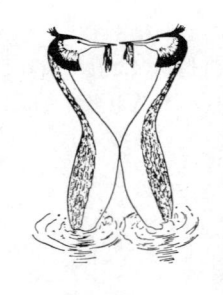

　もしこの本で，生物学の中の未解決の問題だけを扱うことにしたら，内容の90パーセントは行動と発生に費されることでしょう．この2つの分野では，私たちはどんな解答を求めているのかさえさだかではないのです．行動についていえば，動物が実際にどんな行動をするのかとてもよく分っていますし，また脳の形態や生理についても多くのことが知られているのに，行動を脳のはたらきに基づいて説明することは，極めて単純な例についてしかできないのです．この章ではまず，行動の研究での3つのアプローチについて述べます．それは，動物の定位の解析，行動主義心理学そしてエソロジーです．この3つの学問は，それぞれ異なる現象をその対象にしていますが，最初の2つは，その考え方が驚くほど似ています．そのあとで，脳と行動の関係についてのさまざまな考え方について述べます．その1つは，いくつかの行動について，どのようなしくみがあればそれらを起すことができるかを考えることです．これについては，動物がどうやって身の周りの地理を知るか

という問題を例に挙げることによって説明します．しかし，可能なしくみが想定されたとしても，形態的および生理的なうらづけが必要です．ですから次の章で，脳について分っていることのいくつかをまとめてみることにします．

動物の定位の解析

　動物の行動への興味は，『種の起源』の刊行（1859年）によって大きく刺激されました．『種の起源』には明白には記されてはいませんが，人間が他の動物の子孫であるという考えが暗に示されています．もしそうなら，もはや，人間の行動を意志の産物であると見なすことも，また動物は機械であるというデカルトの考えを認めることもできなくなります．ダーウィン自身，早くからそう考えていました．ビーグル号の航海から戻ってまもなく，まだ進化のしくみを模索している頃，彼は一連の覚え書きをノートブックに書き始めましたが，そのうちのM，Nの記号のついたノートブックは，心理学での唯物論の調査にあてられ，思考が脳の状態によって影響をうけることを示唆するものなら何でも（たとえば薬や老齢の影響など）収められています．ダーウィンが確信していたように，人間の優れた能力の進化が自然淘汰によるものだとしたら，その能力は物質的な基礎を持っているはずだからです．しかし，『種の起源』の後，人間と動物との連続性を認めた人びとの中には，動物の行動を擬人的なことばで，つまり意志とか意図

ということばで説明しようとする方向へ向うものもいました．当時，人が機械であると考えるか，さもなければ動物が意志や意図によって動かされると考えるかのどちらかしかなかったのです．

擬人的解釈への反動として，動物の行動を機械論的に説明しようとする動きが大きくなり，それは後に人間の行動にまで拡張されました．結局のところ，人間と動物との間の連続性は，人間が機械であるということを示すことによっても，あるいは動物に意図があるとすることによっても成り立つわけです．この機械論的決定論と自由意志の存在の主張とが相容れないものと考えるのは誤解なのだということは後で述べます．しかし1870年当時はこの対立は現実のものでしたし，その帰結として，動物行動の研究や，実験心理学の基礎は，擬人的説明を毛ぎらいする人びとによって築かれました．

行動を機械論的に説明しようとする最初の重要な試みは動物の定位についての研究でした．その成功例として，川などの石の下に住むひらたい生物であるプラナリアの一種 (*Dendrocoelum*) の研究をみてみましょう．このプラナリアを数個体平皿に入れて，真上から光をあて，皿の一方が他方より明るくなるようにします．すると彼らは暗い側に集まります．自然環境で石の下をすみかにしている動物なら，暗いところに集まるのが当然だということは，自然淘汰を考えれば納得がいきます．しかしどうやって彼らは暗い方へ行くのでしょうか．光は上からあてているのですか

ら，光の来る方向を知って光源から遠ざかることによっているのではないことは明らかです．実は，彼らの動く速さは光とは無関係なのですが，方向を左右に変える頻度が光に影響されるのです．光の強さが増すほど，頻繁に向きを変えて進みます．光に対するこのような単純な反応の結果，この動物は大半の時間を暗い所で過ごせるのです[1]．暗所への集合という現象が単純な行動的反応で説明できました．

このような工学的アプローチは，おもしろいことに植物の成長の研究がその端緒でした．植物が光に向って，また重力と反対方向に成長する傾向，すなわち「屈性」(tropism) については，19世紀の初めの頃からすでに記録されています．行動の機械論的研究の開祖であるジャック・ロエブは，1910年の彼の最初の書物に，この tropism* という語を採用しました．植物での現象を説明するのと同じ語を使うことで，擬人主義と関係がないことが保証されています．このことは，ロエブにとっては，動物の定位のしくみについて，自分を身動きのとれない狭い考えにしばりつけてしまうという不幸な結果を招きました．動物が暗い所や明るい所に集まるようにはたらくしくみは他にもあります．たとえば，うじは光源からまっすぐ遠ざかります．うじは，進みながら頭を左右に振ります．そしてもし一方に振った時の方が，反対側に振った時より強い光を受ける

---

* （訳注） 日本では，植物の tropism を屈性，動物のを向性（あるいは走性）と呼ぶ．

と，進行方向をより暗い方へと変えるのです．あいにく，このしくみもプラナリアでのしくみも，植物の屈性やロエブが信じていた動物での定位のしくみとは，たとえ類推であるとしてもあまり似ているところはありません．しかし，ロエブに関して重要なのは，しくみについての彼の考え方が狭かったとか，大部分誤っていたとかいうことではなく，彼が機械論的説明に傾倒したということなのです．彼に刺激を受けたJ.H.ハモンドは光に向って定位する機械を製作しました．ロエブは1912年にこの機械について次のように書いています．「下等動物の向日反応を感覚，たとえば明るさや色，快感や好奇心などの感覚のせいにする理由がないのは，ハモンド氏の機械の向日反応をそのような感覚のせいにする理由がないのと同じである」．

　動物の定位にさまざまな方式があることが分って後は，その基礎にあるしくみの解明には工学的アプローチが大成功を収めました．光，重力，温度，湿度などのような単純な刺激への反応については1940年までにほとんど研究が完成してしまいました．また，それらを基礎として，さらに研究が発展しました．その中には，まさかと思うような刺激（磁場や電場）に動物が定位できることの発見や，ミツバチが方角について記号的に情報伝達する能力を持つというフォン・フリッシュの発見[2]などが含まれます．もっと基本的な変革が，動物が単純な環境でではなく，構造的に複雑な環境の中でどうやって自分の方向を決めるのか，たとえばすみかへ帰るのに地上の目印をどう使うのかとい

うことについての研究によってもたらされました．このことについては後でもう一度述べます．

行動主義心理学

ロエブやその後継者たちによって研究された動物の運動は，動物の過去の経験によって変る種類のものではありませんでした．しかし，動物の行動の多くは経験によって改変され，型が決まります．学習についての重要な研究はロシアのI.P.パブロフとアメリカのJ.B.ワトソンおよびB.F.スキナーによって始められました．「条件反射」という概念はパブロフが提出しました．無条件反射というのは以前の経験なしで起るもので，たとえばイヌの口の中にえさを入れてやると唾液が分泌されるというのがそれです．パブロフは他の刺激，たとえばベルの音をえさを与える直前に聞かせると，そのうちイヌはベルの音に反応して唾液を出すようになることを発見しました．このような反応が条件反射です．

すべての学習された行動を条件反射として説明するのは明らかに無理です．動物はどんな刺激によっても無条件反射として示さないような行動を学習によって数多く身につけることができます．たとえばイヌはジャンプして環をくぐり抜けるよう訓練することができますが，そのような行動を無条件反応としてひき起せる刺激は存在しません．この難問は行動主義心理学者のスキナーが考え出した「オペラント条件づけ」の概念によって解決しました．その考え

とはこうです．もしある動作Xに続いてもう1つの刺激，たとえばえさが現われ，それが「強化的」ならば，動物はその後動作Xを行う傾向が強まる，というものです．この文章はそのまま「強化的」ということばの定義として使えます．えさのように，強化的である刺激がいろいろとあるのは事実です．動物がXという動作をすることを学習する場合には，最初に動物がまずXをしなければなりません．さもなければXは決して強化されないからです．しかし，最初にXをするのは何か特別な刺激（反射の場合のように）への反応としてではなく，自発的にするのです．基本的には，動物がいろいろな動作を行って，そのうちで強化されたものを繰り返すようになるのです．

オペラント条件づけと，自然淘汰による進化とは明らかに類似しています．自発的な動作の強化によって行動が環境に適応するのは，自然発生的な突然変異の自然淘汰によって形態的な構造が適応するのとまさに同じです．この2つの過程には因果的なつながりもあります．オペラント条件づけがはたらくためには，少なくとも訓練とは関係なくもともといくつかの刺激が強化的で，いくつかが忌避的でなければなりません．そうでなければ学習の始まりようがないのです．食物が強化的に，また傷を負うのは忌避的に作用しますが，これは自然淘汰がそういう性質を持った動物に有利に作用したからです．

ここまで，行動主義心理学者が発見したオペラント条件づけの起り方について述べてきましたが，それがどのよう

な思想によって導かれたものかについては述べませんでした．彼らの考えは，多くの点でロエブやその信奉者たちの考えと似ていました．これは偶然の一致ではありませんでした．ロエブはドイツからシカゴに移り，そこで研究者としての道へ踏み出したばかりのJ.B.ワトソンに影響を与えたのです．ロエブと同様に，ワトソンとスキナーも，行動が感情や思考や意志によってひき起されるとする唯心論的概念には反感を持ちました．基本的な反対理由は，そのような概念は役に立たず，説明にならないというものでした．ダーウィンが，生物はより複雑なものに進化しようとする内的な衝動を持つとしたラマルクの考えに反対したのも同じ理由からでした．イヌは食べたいと思うから食べるのだというのは，恐竜は内的衝動によって巨大化したのだというのと同じくらい何の役にも立ちません．行動主義心理学者は，われわれが見ることができるのは2つだけだと主張します．それは動物の行動と，動物がそれまでおかれていた環境です．そして，動物が何をするのかは動物の状態によって決まり，その状態は過去の歴史と遺伝的な性向（たとえばえさによって強化を受けるという性向）によって決まるという結論に導かれます．スキナーは，動物の精神的な枠組みを論じても理解は進まないと主張します．もちろん，動物にあてはまることは人間にもあてはまります．実際に，行動主義心理学者は人間の行動を理解し，それを制御することをはっきりとした目的としていました．基本的な考えは，スキナー自身が述べています．「ある行動をす

ることで強化を受けた人がその行動をする気になった時,彼はその時の身体の状態を感じて『目的意識を持った』と表現するかもしれないが,行動主義はその感情の因果的効果を認めない.」

エソロジー

 ロエブとスキナーの考え方には明らかに共通したものがあります.一方,エソロジストはこれとは非常に違うアプローチをとりましたが,それは設問のしかたや研究方法の違いにもとづいています.コンラート・ローレンツおよびニコ・ティンバーゲン,それに彼らに続いた研究者の大部分は,動物の生活を知ることへの熱情に導かれて動物の行動を研究したのです.当然の結果として,彼らの興味の中心は野生動物の研究,種間の差異,および行動の適応的意義におかれました.このような偏りがもとになって,エソロジストは行動の根底には複雑で膨大な遺伝的素質がはたらいているという考えに導かれました.特に,彼らは「生得的解発機構」や「固定的動作パターン」の存在を主張しました.これらの概念については例を挙げた方が説明しやすいと思います.生得的解発機構の古典的な例としては,セグロカモメのひなが親のくちばしをつついて食物をもらう行動が挙げられます.親に会ったことのないひなに模型を見せる実験をすると,赤い点のついた細長い棒を下向けにして見せるという刺激がひなのつつきの反応をもっとも強くひき出すことが分ります.もう1つ例を挙げるなら,

マダラヒタキはたとえモズに会った経験がなくとも，モズの模型にモビング（集団で攻めかかるような行動をとること）を示します．このとき，モビングがひき起される（解発される）のにいちばん効果のある模型は，眼のところにある黒いすじがはっきりしていて，全体の大きさや向きが本物そっくりの場合です．このような反応を支えている脳のしくみを生得的解発機構とよぶのです．

　経験のない動物でも複雑な刺激に反応できるのなら，1つの刺激に対して複雑な一連の動作ができるようになっていると考えられます．例として，マガモの雄が求愛行動で見せる一連の動作があります．くちばしを左右に振り，それから水の中に入れて急にはね上げて水しぶきを立てます．ついで体を垂直に持ち上げ，尾を左右に振ります．このような固定的動作パターンに関しては，エソロジストは適切な一連の指令を筋肉に送ることのできるしくみが脳の中に生れつき存在すると想定します．もっとずっと複雑な行動，たとえばクモの巣を張る行動や，小鳥が種特有の歌をさえずる行動は，特定の動作を生み出す生れつきの構造，特定の感覚入力に強化を受けるような生れつきの傾向，そして発達の特定の段階での経験，の3者の相互作用によって形作られます．

行動と脳の関係をどうみるか

　エソロジストは，ナイーブな（学習の機会をほとんど持たなかった）動物が示す複雑な反応に特に衝撃を受けまし

た．それによって彼らは動物の頭の中に「しくみ」があると想定したのです．一方，行動主義心理学者は動物の頭の中に何があるかについては，種によってある刺激には強化を受け，ほかの刺激には受けないような生れつきの傾向があることを認める以外には何も言いたがりません．これと同様の不一致は，もっと最近になって人間の言葉の獲得についての論争にも見られました．ノーム・チョムスキーらは人間が生れつき言葉を獲得する能力を持っていると考えるのに対して，行動主義者たちは言葉の獲得は他の行動と同様，オペラント条件づけで説明できると主張しました．つまり，私たちが文法に従って話すことを学ぶのは，そうすることで強化を受けるからだというのです．

　これらの論争をみるにつけても，行動と脳との関係をどのように考えるのがいちばんよいのかを知りたくなります．私は3つの方法が可能だと思います．

　(1) 脳は，その中身を調べてもよく分らないから，そのままブラックボックスとして扱うというやり方があります．動物が何を経験し，何をするかは観察できますから，行動が経験にどのように依存しているかを研究できます．これはそのまま行動主義者のアプローチです．動物の行動が過去の経験と同様その場の経験にも影響されることは，彼らは否定しませんし，むしろそれを強調します．ですから，経験が脳の状態を変化させるということを暗黙のうちに認めています．また，脳が生れつきある学習傾向を持つことも，その傾向が特定の刺激によって強化されるもので

あるとするかぎりは認めます.しかし,自覚とか意識,あるいは環境についての心象などという表現で脳の状態に言及することが有用であるとは断じて思わないのです.

(2) また,このブラックボックスのふたをあけて,中をつつきまわすこともできます.これは神経生理学者の方法です.この方法の難点は,ざっと調べただけでは箱の中は灰色をしたかたまりに過ぎず,顕微鏡で調べるとこのかたまりが困惑させるほど数多くの神経細胞(人間で約 10^{11} 個)でできていて,しかもそれぞれの細胞が多数の他の細胞と連絡しているということが分るのです.このような困難はありますが,脳がどのように働くかを最終的に説明するには,それを構成している神経細胞が何をしているかを知らなければならないでしょう.このような研究の進歩については次章でいくつかの例を述べることにします.

(3) 箱の中がこのようになっているのではないかというモデルを作る方法もあります.何かあるものについてそれがどんなふるまいをするかを知っていれば,時にはそのしくみを類推することができます.生物学の他の分野での古典的な例を1つ挙げさせて下さい.メンデルは,かけ合わせをした時の子孫での形質の表われ方をもとに,形質は決まった法則(たとえば個体には因子が2つあって配偶子にはランダムにそのうちの1個が伝えられる)に従う「因子」によって支配されると推測しました.40年後,この因子は染色体の一部分だと分り,1世紀後にはDNA分子であることが確認されたのです.いいかえれば,メンデルの説は,

観察されたふるまいを生み出すために存在するはずのものの「モデル」だったのです．モデルが何で作られているかは問題ではなく，形式的な関係を特定することが重要なのです．これと同様に，動物の行動をもとにして，動物の頭の中に何があるべきかを推測することが期待できます．期待できる理由の1つは，今では私たちは脳の働きの一部を行うことのできる機械を作れるということです．もっとも，脳とコンピュータは異なる原理で動くということに留意しなければなりません．

私は，上に述べた3つの方法は，脳がどのようなものかという考えにおいて異なっているのではなく，どう研究するのが最良かについての意見を異にしているのだと考えます．ですから，実験の基礎になる予測が3者のあいだで違うということはあり得ません．神経生理学の方法とモデル作製による方法との間にはあるべき形での関係が明確に成り立っていて，相互に支え合っています．ある行動についてそれがどのように生み出されるかというきれいなモデルがあれば，その基礎にある生物的なしくみを探究しやすくなるはずです．ちょうど，メンデルの説のおかげで遺伝のもとになる物質が研究しやすくなったのと同じことです．逆の方向にも助けになります．生理学の知識はモデル構築を助けます．

これに比べると，行動主義と他のアプローチとの関係はあまりはっきりしません．もともと，行動主義者たちは行動を意識とか感情のような唯心論的概念で説明することに

反対でした.そのような「説明」は何も説明していないというのが彼らの意見でした.しかし,だからといって動物の頭の中はからっぽであるとか,脳について何かを言うことが無益であるということにはなりません.私の考えでは,最も実りの多いアプローチは,動物が持っていると考えざるを得ない計算能力や認知能力はどんなものかを問うことだと思います.このことについて,動物が自分の通る道筋をどうやって知るかということを例に挙げて説明したいと思います.しかしその前に,意識とか意図について少し述べる必要があるでしょう.なにしろ私たちは自分自身の行動をこれらの言葉で説明していますし,動物についても同じように考えるのは自然なことなのですから.これは少し哲学的な問題になってしまうかもしれませんが,行動の解析において中心的な課題であり,避けて通ることはできないと私は思います.

意識や意図をどう考えるか

私がいすに座ってものを書いているとき,キッチンへ行ってコーヒーをいれようと思い立ったとします.私にとっては,コーヒーが飲みたいと感じたことが,キッチンへ行くことの原因です.しかし,行動主義者から見ると,135ページに引用したスキナーの言葉からも明らかなように,それは単なる錯覚だということになります.私がキッチンに行くのはコーヒーが強化因であり,前にキッチンに行った時に強化を受けたからだということになります.私が以

前に強化を受けたことは認めます（もっとも，コーヒーのいれ方をオペラント条件づけで学習したのかどうかは定かではありません．多分だれかに教えてもらったか，だれかのまねをして覚えたのだと思いますが，しかしこれは今は問題にはなりません）．しかし，過去の強化が今では私の脳の中に浮かび上がるものとして存在するのです．つまり私の脳は変化を受けたのです．そして私の行動の直接の原因は脳の中の考えなのです．しかし，私のコーヒーへの欲望や，キッチンへの道筋やお湯の沸かし方などの知識が実際にどのようにして浮かび上がるのかを，生理学的にくわしく説明することは，残念ながらできません．ですから，コーヒーが飲みたいという気持ちが原因となってキッチンへ行くという表現が自然なのです．もしだれかが私の腕をねじ上げて，むりやりキッチンへ行かせようとしているのだったら，全然違う原因が働くはずです．しかし，コーヒーが飲みたいという気持ちが原因だといういい方は，原因が脳の構造にあるとか，その脳の構造は私の以前の経験によってでき上ったとかいう表現を否定しているわけではありません．脳で起る出来事と，私が感じることとは，私の動作の原因として二者択一的でもなく互いに排斥し合うものでもありません．どちらも同じ原因の違う側面を指しているだけです．私と同じような気持ちは，あなたも感じるでしょうし，十分私たちに似ている動物なら，彼らもまた私たちが感じるように感じるのではないかと私は思います．

　いま述べた考えは科学的な学説とはいえません．実験に

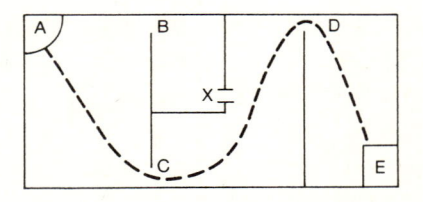

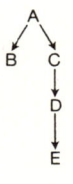

図10　仮想的に書いた私の家の見取図

点Aが私の安楽椅子で、Eがガスコンロ。右に示した図は可能な経路を示す。

よる検証ができないからです。また、数学上の定理ともいえません。公理から導くことができないのですから。この考え方のもつ利点は、もしそれを受け入れるなら、感情が行動の原動力であるかどうかを議論する必要がなくなり、脳がどのように働くのかを、その答えが自由意志などというものは幻想に過ぎないというものになることを恐れずに研究できるということなのです。当然のことですが、この考え方に従えば、脳のはたらきが停止すれば思考や感情も中断するということになります[3]。

　さて、今度はもう少し哲学的でないレベルで私の座いすからキッチンまでの道筋について考えましょう。実際には私はどのようにふるまうでしょうか。図10に私の家の見取図（仮のものですが）を示します。Aがいすで、Eがガスコンロです。A―C―D―Eをつなぐ点線が唯一のまともな道筋です。AからCへまっすぐ進むのは、Cが見えていればむずかしいことではありません。動物の定位を研究

している人が出す答えと同じです．私は目をCに向け，からだを視線と同じ線に向けてから前進します（Cを別の方向から見たときにも同じ場所だと認知する能力となると，ずっとむずかしい問題になります．このことは次章で述べます）．でも，なぜ私はBへ行かずにCへ行くのでしょうか．行動主義者なら，それは私が以前にCへ行くことによってコーヒーに強化されたが，Bへ行くことでは強化されなかったからだというでしょう．これは正しいといえます．たしかに単純明快な答えです．私の脳には，「もしコーヒーを飲みたいのなら，そして今Aにいるのなら Cへ行きそれからDへ，さらにEへ進め」ということだけが情報として蓄えられていればいいことになります．

　しかし，すべての行動をこのようにして説明するのは困難です．私が研究している大きな建物になると，行きたい所へ行くためには右に述べたような指令を山ほど蓄えておかなければならなくなるでしょう．もっとむずかしい問題があります．私がB（浴室のドアだとします）へ行ったら，Xの所に新しいドアが作られていたとします．そのあとで，Aにいてコーヒーが欲しくなったとき，今度はA−C−D−Eよりも少し短いA−B−X−D−Eを選ぶでしょうか．多分そうはしないでしょう．私は習慣をなかなか変えないたちですから．しかし，もし浴室にいるときにキッチンへ行きたくなったとしたら，B−C−D−EとX−D−Eのどちらを選ぶでしょうか．いくら私でも，この時は後の方を選ぶでしょう．たとえXを通ることで以前に強化を

うけていなくともです．このような問題を解くためには，動物はもっと違うやり方で情報を蓄えることが必要となります．どう動くかの指令だけでは不十分です．蓄えなければならないのは図10に盛られている情報と同じ情報を持つものです．それは「認知地図」と呼ばれます．「認知」という言葉が重要です．そこには，何かの問題を解決するには，動物は単に過去に強化を受けた1つまたは一連の動作をすることだけを知っているのではなくて，何が正しいかを知っているにちがいないという意味が込められています．ここで挙げた例では，その知識は空間でのものの配置に関するもの，すなわち「地図」ということになります．

認知地図

このような問題を動物が解くことができるのか，できるとしたらそれはどのような動物かということについては驚くほど分っていないのです．まず，認知地図を必要としない例について述べましょう．ハエトリグモは獲物をとるために回り道をすることがあります．たとえば今いる枝から離れて幹へ戻り，幹を登って別の枝へ行かなければならないことがあります．クモは中間の目的地へ次々に行くことによってこれをなしとげます．たとえば今いる枝のつけ根が最初の目的地です．その間，自分の動きを計算に入れながら，3次元空間での獲物の位置はちゃんとおぼえているのです．これはかなり精巧な行動ですが，地図は不要です．クモは一連の（多分生れつき持っている）規則に従えば

よいのです．たとえば「獲物に直接近寄れないときは，もよりの分岐点に行ってからやり直せ」という規則でよいのです．

今度は，動物が認知地図を持っていると考えざるを得ないような実験例[4]を挙げてみましょう．ラットを不透明な水の中に入れて，水面下に沈んでいる台の所へ泳いで行くよう訓練します．わずか6回ほどのくり返しで，ラットは水に入れられるとまっすぐ台の方へ向って泳ぐようになります．訓練の時にはいつも同じ場所で水に入れるようにして，その後別の場所で入れると，それでもまっすぐ台へ向います．このことから，ラットは単に「水に入れられたら，そこの壁を基準にしてある方向へ泳げ」というような規則を学んだのではなく，プールを囲む壁全体やそのまわりの景色をもとにして台の位置を学習したと考えられます．このような能力は自然界では重要です．水と陸の違いはありますが，もう1つのおもしろい例として潮留りに住むハゼの例があります．このハゼは潮留りから潮留りへとジャンプして移動し，決して間の岩場には落ちません．ハゼは満潮の時に泳ぎ回りながら干潮時の潮溜りの配置を学習するのです．

もちろん，動物が問題を解決できるのは認知地図を持っているからだと述べるだけではことは終わりません．このいい方は別の多くの疑問を引き出すだけです．地図はどうやって作られるのか．その地図はどのように脳に蓄えられるのか．これらの問いに答えることはできませんが，少し

は分っていることもあります．たとえば，ラットが役に立つ地図を持つには，その辺を歩きまわって，周囲の状況をよく調べる機会が必要なようです．

では，もう少しやさしそうな疑問について考えましょう．私が頭の中に自分の家の地図を持っていたとして，AからEへ行くのにどういうぐあいにそれを使うのでしょうか．あなたは，「図10の地図があればひと目で点線の道順が最良だと分るじゃないか」というかもしれません．しかし，この答えは2つの点で答えになっていません．第1に，頭の中の地図を見るというのはどういうことかはっきりしません．どうやって見ればよいのでしょう．第2に，人間はどうすればなどということを考えずに問題を解決しているのです．たとえば，私は片眼しか見えないのですが，けっこう上手にスカッシュをプレーしていました．ボールがどこへ飛んで来るか，そしてそれを打つにはどうすればよいかを決めるのには大変な計算が必要ですが，私はそれがこなせたのです（少なくとも，自分のプレーぶりを考えるためにプレーを中断したりはしませんでした[5]）．

頭の中の地図をどうやって使うかという問いには，どんな答えが望ましいのでしょうか．このごろでは，コンピュータでシミュレーションのできる答えを望む人が多くなっています．つまり，地図を与えて「AからEへ行くにはどうすればよいか」と質問すると，「A−C−D−E」と答えるようなコンピュータ・プログラムが欲しいということです．そのプログラムは多分次のように進行するでしょ

う．Aから見えるすべての戸口へ行き，それぞれからまた見えるすべての戸口へ行くという手順をくり返して，図10にあるような枝分れ図を作り，そのうちAに始まってEに終わるものの中で最短距離の道順を報告せよというものです．コンピュータ・プログラムの方が，口頭での説明（いま書いたような）よりも好ましい理由は，プログラムを作るときには言葉の意味を正確に表現する必要があるということです．そのプログラムがうまくはたらくなら，与えた説明には，隠れたまぎらわしさがないことになります．たとえば，上に述べたようなプログラムを作るとき，「戸口」とは何かをコンピュータに教えるのは少しやっかいです．

　動物がどのようにして道順を知るかということについて，2つの場合を区別して述べてきました．1つはハエトリグモの回り道のように，脳の中に従うべき一連の規則（「アルゴリズム」とよばれることがあります）が蓄えられる場合で，もう1つはラットが水面下の台をみつけるときのように，周りの状況に相当するものを蓄える場合（どうすればよいかの知識を蓄えるといういい方もできます）です．コンピュータも，この2つの方法で知識を蓄えます．もちろん，動物がするのと同じことのできるプログラムを作ったとしても，動物もまたそのようなプログラムで動いているという証拠にはなりません．私は，コンピュータでトランジスタがはたらくように動物では神経細胞がはたらくというつもりでこの本を書いているのではありません．私が関

心を持つのは問題解決の論理構造で，その論理構造を支えている物質的な対象ではないのです．コンピュータ用語でいうなら，ハードウェアではなく，ソフトウェアに関心があるのです．

　ある計算をするのにいくつかの方法があるとしたら，そのどれが脳で行われている方法と似ているでしょうか．分りやすい例を挙げて説明しましょう．ロンドンからブライトンまで歩くとして，その距離を計算したいとします．1マイルを1インチに縮尺した地図と1インチの長さのマッチ棒が1箱あったとします．1つの方法は2つの町の間にマッチ棒を並べてからその数を数えるものです．もう1つは，地図にある1インチ目盛の縦横の線につけられた数字から2つの町の位置がたとえば (63, 27) と (103, 57) であることを知り，ピタゴラスの定理を使って
$$\sqrt{(103-63)^2+(57-27)^2}=50$$
というふうに計算して50マイルと答える方法です．第1の方法は実際に2つの町の間を歩いて歩数を数えるというやり方と似たものですが，第2の方法はそうではありません．

　脳はこのような計算をどのようにして行うのでしょうか．1つの可能性を示しましょう．図10のような地図が脳の中に存在するとします．そしてその地図は神経細胞が平面上に並んだもので，その中の特定の細胞が特定の場所に相当し，本当の地図と同じような配置になっているとします（ここでは「地図」とは場所のリストから成っていて，そ

れぞれの場所にはその位置を示す参照番号が付いていると仮定します）．さらに，各々の神経細胞は隣りの細胞とはシナプス（情報を受け渡しする接合部）を作りますが，離れたものどうしはシナプスを作らないものとします．2つの点をとると，その間の距離は，情報が通って行かねばならない細胞の数に比例します．これはまた大体，情報が伝わるのにかかる時間に比例します．

　数か時間か，どちらをとるにせよ，これによって距離を測るのは，マッチ棒を並べたり歩数を数えたりするのと類似の方法になります．いま挙げた例は空想上のものです．脳の中に認知地図が蓄えられるしくみは何も分っていません．しかし，もし認知地図が存在するとしたら，ピタゴラスの定理を使うのと同様の方法で距離を測っているとは考えにくいと私は思います．コンピュータ技師はコンピュータにそのように計算させることができますが，脳が同じようにはたらけるとは思いません．

　時には，計算の行われ方を行動上のデータから推測できることがあります．たとえば被験者（人間でもいいし，適切な技法を使えば動物でも可能）に2つの複雑な形の物体を違う向きで見せ，2つが同じ形かどうかを質問するとします．正しい答えを確信をもって答えるのに要する時間は，2つの物体の向きのずれの角度が大きいほど長くかかります．このことは，被験者が脳の中で1つの物体の表象を他方と一致するまで回転させていると考えなければ説明できないのです．

まとめ

　これまで，動物がどのように自分の進むべき道筋を知るかという問題について述べてきました．ここでまとめてみることにします．ある動物がAからでは見えないEに行きたくなったとします．行きつくのには2通りの方法があります．1つは，「まずBへ，それからDへ，それからEへ行け」というような一連の規則（アルゴリズム）に従うことです．もう1つは通過地帯についての認知地図を作ることです．前者はまちがいなくよく使われます．このようなアルゴリズムは，行動主義者がいうようにオペラント条件づけで学習できます．しかし，この方法だけでは説明しにくい場合もあります．ラットが見えない台を見つけたり，ハゼが見えない潮留りへジャンプする能力がそれです．これらの例は動物が認知地図を作れることを示唆します．しかし，どうやって作るのか，どのように使うのかということはまだ説明できていません．

　このような質問に答えるにはコンピュータ・シミュレーションが役立ちます．なぜなら理解できないことをシミュレートすることはできないからです．難しいのは，ある課題を行うのに2つ以上の方法があり得るということです．距離を測るのにマッチ棒を使うか，ピタゴラスの定理を使うかというのがその例です．1つは脳が実際にやっているのに近いようです．もう1つはそうではありません．時には行動から手がかりが得られます．頭の中でイメージを回転させながら比較するという例を挙げました．もう1つ，

もっと直接的な方法は脳の解剖と生理の研究です．それが次章の主題となります．

8章 脳と知覚

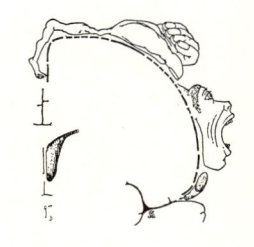

　数学で定理を証明しようとするとき，両方の端から出発してまん中で出会うように試みる方法がいちばんうまくいくことがしばしばあります．まずいくつかの公理から出発して，その定理に関係ありそうなA, B, Cという命題を証明します．一方，その定理から出発してX, Y, Zという，もしそれらが真ならその定理も真であるような前提を見つけます．もし，X, Y, ZがA, B, Cと同一ならばゴールインです．この原理は，2つの（全然違う）意味で，脳を理解する方法にもあてはまります．第1に，この原理は脳の研究法に使えます．前章では，私たちが目にする行動が，もし脳によって生み出されるのなら，脳がしているはずだと思われる仕事の話をしました．この章の前半では脳の構造と生理について述べます．もしこの両者が出会うなら申し分ないのですが，それができるのはせいぜい極めて単純なはたらきについてだけでしょう．このことについては視覚を例に挙げてお話しするつもりです．なぜなら，両方のアプローチがいちばん接近しているのがこの分野だからです．一方，ある問題を両側から攻めて，中間で解決

に至るというやり方は,脳と関係があります.つまり,脳そのものがこのやり方ではたらいているように思えるのです.これが第2の意味です.眼からやって来る情報を分析するとき,脳は1つ1つの網膜細胞からの情報を大きな全体像につなぎ合わせるという「下から上へ」のはたらきと同時に,脳にすでに存在するいろいろなモデルを視覚入力にあてはめてみるという「上から下へ」のはたらきもしているのです.このことの意味についてはこの章の後半で話します.

脳とニューロン

脳はニューロン(神経細胞)とよばれる細胞でできています.ニューロンの細胞体からは2種類の突起が出ています.1つは樹状突起で比較的短く,情報を細胞体の方へ伝えます.軸索とよばれる突起は,ときには長さが1メートルにもなるもので(脳の中ではふつうもっとずっと短い),信号を細胞体から突起の先の方へと伝えます.ニューロンは3種類あります.第1は感覚ニューロンで,樹状突起が感覚細胞,たとえば耳の中の有毛細胞や網膜の感光細胞と接しています.第2に運動ニューロンでは,軸索が筋繊維に接しています.そして第3は脳の大部分を占めるニューロンで,ほかのニューロンとだけ接触します.少し単純化し過ぎた分類ですが,後で必要となります.

細胞体から軸索を通って伝わる「信号」というのは電気的な神経インパルスです.このインパルスの性質はかなり

よく分っています．ここでは，この信号が全か無かの信号であり，軸索を通っていくあいだ，弱まることはないということだけ知っておいて下さい．伝わる速さは軸索の直径によって秒速1メートルから100メートルまでさまざまです．1個のニューロンは1秒間にゼロから最高数100回もインパルスを送り出します．この頻度は，そのニューロンの樹状突起が感覚細胞または別のニューロンから受けとる刺激の強さによって決まります．大切なことは，ニューロンの仕事はいろいろな頻度のインパルスを伝達することだけだということです．その情報の意味は，それがどこから来たかによって決まります．たとえば，眼の網膜にあるニューロンを電気的に刺激すれば，脳の中ではそれは特定の方向からの光として感覚されます．ですから，眼をなぐられると火花が出たように感じるのです．

　ニューロンどうしは「シナプス」とよばれる構造でつながっています．シナプスでは，軸索の末端の枝分れの1つが次のニューロンの樹状突起または細胞体に接しています．シナプスでは情報は化学的に受け渡されます．特定の「神経伝達物質」とよばれる化学物質の小さなかたまり（「素量」ともいいます）がシナプスで放出され，それを受けとった細胞は性質を変えます．その変化は興奮的か抑制的かのどちらかです．つまり，受け取った細胞はインパルスを出しやすくなるか，または反対に出しにくくなります．結果として，細胞体では自分の受け取ったプラスとマイナスの信号が足し合わされ，それによってその細胞の出

力が決まるのです．脳ではいろいろな種類の神経伝達物質が使われています．このことの意味はまだよく分っていませんが，医学的には重要であることがはっきりしてきました．精神病のいくつかは，これらの物質の量の異常と関係がありますし，脳に効く薬（麻酔剤，精神安定剤，幻覚剤）の中には天然の神経伝達物質と化学的に近いものが多いのです．

アメフラシも学習する

　脳に存在するニューロンの数は，単純な無脊椎動物での数百個から人間の約 10^{11} 個までさまざまです．多くの無脊椎動物では，ニューロンの数と配置が種によって一定です．よく知られている例は海にすむ軟体動物のアメフラシで，アメリカの生理学者キャンデルが研究しました．アメフラシの脳では，決まった数のニューロンがあるだけでなく，ニューロンどうしの結合のしかた，その結合が興奮性か抑制性か，どんな神経伝達物質が使われるか，それぞれのニューロンが自発的な興奮をするかどうかなどがすべて決まっています．この単純明快さを利用して，行動のさまざまな側面について，それがどう調節されているかを詳細に調べることができました．たとえば，心臓の筋肉は自発的にリズミカルな収縮をしますが，2個のニューロンはその拍動を速め，別の2個は遅くします．また，血管の壁を収縮させるいくつかのニューロンもあります．おもしろいのは，からだへの血液の供給を増加させるはたらきを持つ

ニューロンが1個ありますが、このニューロンは心拍を速める2個のニューロンを興奮させ、遅くする方の2個および血管を収縮させるニューロンを抑制します。このようなニューロンを「司令」ニューロンといいます。これはエソロジストのいう固定的動作パターン（136ページ）の基礎となる最も単純なしくみといえるかもしれません。キンギョでも1個のニューロンを刺激するだけで逃避行動を起させることができます。

　このように結合のしかたが決まっている神経系だと、学習などは起り得ないように思われるかもしれませんが、決してそうではないのです。アメフラシには、えらまで水を導く肉質の管（サイフォン）がありますが、これを刺激するとえらがひっこむという反射を示します。この反射はとても簡単な神経のしくみによって起ります。サイフォンに触ると24個の感覚細胞が刺激されます。これらの感覚細胞は6個の運動ニューロンとシナプスをつくっていて、その運動ニューロンの軸索がえらをひっこめさせる筋肉を収縮させるのです。ところでこの反射には、「慣れ」と「増感」という2種類の学習が起ります。サイフォンをくり返し刺激すると反応がだんだん弱くなります。これが慣れです。慣れは感覚細胞と運動ニューロンとをつなぐシナプスに変化が起ることによって生じます。くり返し刺激すると、このシナプスがだんだん運動ニューロンを興奮させなくなっていくのです。このシナプスの変化のしくみについてはいくらか分っています。くり返し刺激を何回も与える

と，数週間も持続するような変化が生じます．

一方，サイフォンを刺激すると同時に頭に有害な刺激を与えると，その後，サイフォンだけへの刺激に対してもっと強い反応が起るようになります．これが増感です．この変化はいままで登場しなかったニューロンによって起ります．このニューロンは感覚細胞のシナプスに近い所に別のシナプスを作って結合しています．このニューロンが興奮すると，感覚細胞の活性が高まるので，感覚細胞と運動ニューロンとの間のシナプスで放出される神経伝達物質の量が増えます．つまり，シナプスの効果が高まることになります．

これらの実験で，細胞の数もその結合様式も固定されている神経系でも，シナプスの効果を変えることで2種類の学習ができることが示されました．しかし，学習という現象が皆このようにして起るのか，それとも高等動物ではシナプスが新たにできたり，失われたりすることも学習に関係するのかというようなことは分っていません．

アメフラシの脳のような単純な脳を研究することでずいぶん多くのことが分りました．無条件反射であるえらのひっこみ反射の解剖学的な基礎も分りましたし，固定的動作パターンのしくみについてもヒントが得られました．また，学習がシナプスの効果の変化によって起り得ることも分りました．しかし，もっと複雑な認知過程がどうやって生じるかについては何も語ってくれません．人間の脳の複雑さはけた違いです．約 10^{11} 個のニューロンがあり，そ

のそれぞれが約1000個のシナプスを作っています．ですから10^{14}個ものシナプスがあることになります．このことを考えれば，人間の脳はみな同じ構造だとはいえないことがお分りでしょう．アメフラシの脳でさえ，脳の特定の場所にあるニューロンのタイプやそれらの結合のしかたに驚くほどの一致がみられるとはいっても，やはり脳ごとに違ってはいるのです．

大脳皮質の機能分化

　脳を解剖学的に解き明かすのは容易ではありません．前にも述べたように，一見したところでは脳は灰色の塊にしか見えません．顕微鏡でのぞいても，途方に暮れるほどの種類の神経繊維が交錯しているばかりで，構造らしきものを探り出すのは困難です．この本では，技術のことよりも考え方について述べるつもりですが，生物学はしばしば技術の発展によって進歩したということは憶えておく必要があります．脳についての研究も，重要な進展のいくつかは技術的なことがらによっています．解剖学的な研究では，1個のニューロンとそのすべての突起だけを染め出して見えやすくするいくつかの方法に頼っています．生理学的な研究の発展は，生きている脳の1個の細胞のインパルスを記録できるかどうかにかかっています．

　人間の脳では，最も目立つ構造は大脳皮質です．大脳皮質は脳の他の部分をおおい隠すように広がっている，折りたたまれたシート状の組織です．しわをのばせば半平方フ

ィートにもなり、ニューロンとそこから出る繊維の層からできています。その正味のサイズだけから考えても、この大脳皮質が高度な精神的機能の生理的基礎を担っているのではないかと想像されます。確かに、この部分は下等な哺乳類に比べて高等な哺乳類で、より重要な働きをしています。マウスは大脳皮質がなくなってもその行動に大きな変化はありませんが、人間では、大脳皮質がだめになれば植物化してしまいます。大脳皮質の機能が場所によって決まっていることはよく知られています。人間ではこの事実は脳の特定の場所が、たとえば脳出血によって、障害を受けた時の影響を調べたり、脳手術のときある部分を刺激したりすることによって分ってきました。たとえば左半球には言語を話すために必要な部位が2個所あることが分っています。また、顔の認知に必要な部位もあります。この部位に障害を受けたある男性は、奥さんや家族の顔を見てもそれが誰だか分らなくなりました。でもこれは相手のことを認知する能力を全部失ったせいではありませんでした。なぜなら、彼は声を聞けば簡単に相手がだれか分ったからです。このように部分ごとに働きが決まってはいますが、かなりの可塑性もあります。ある部位が障害を受けても、その部位の機能の一部は他の部位が代行するようになります。

　大脳皮質の一般的特性として、からだの地図と外界の地図とがそこに組みこまれていることが挙げられます。たとえばからだの感覚に関する地図があり、皮膚の一部を刺激すればそこに対応する皮質の部分に電気的な活動が起りま

す．このような場所の割り当ては位相的にからだの部分どうしの関係で一致していて，からだで隣り合った部分に関しては皮質でも隣りあっていますが，その形はゆがんでいて，感覚神経が豊富に分布しているような部位（唇，親指，指先など）については皮質では比較的大きな面積が対応しています．また，運動についての地図もあり，皮質を刺激すれば，その部位に対応するからだの部分が動きます．

網膜と視覚野

今，大脳皮質の部位のうちで，その働きについていちばんよく分っているのは1次視覚野（有線領とか第17野とも呼ばれる）です．ここは視覚的情報が皮質に最初に到達する部位です．しかし，視覚的な入力は第17野に達する以前に，網膜においてすでにある程度の処理をうけます．ですから，網膜上の1個の細胞が視覚野のただ1個の細胞に連絡するようになっているわけではありません．実際，そんな配置をとってもあまり意味があるとは思えません．たしかにそうなっていれば必要な情報は眼から脳へ運ばれるでしょうが，必要な処理は全部脳でしなければならなくなってしまいます．現実には，簡単な処理は網膜自身が行うのです．網膜には光に感じる細胞（視細胞）の他に，少なくとも2層のニューロンがあります．1個の視細胞は視神経のたくさんの軸索と連絡し，一方視神経の1本の軸索はたくさんの視細胞から入力を受けます．このような入り組んだ結合は，網膜にさまざまに違う方法で光を当てなが

ら，視神経の1本の軸索のインパルスを記録する方法で確認できます．ヒューベルとウィーゼルはこの方法によって，ある軸索を最大に活性化するのにどのような視覚刺激が必要かを知ることができました．その結果，高等哺乳類では，視神経のほとんどの軸索にとって，最大の効果を持つ視覚刺激は周囲が暗くなっている光のスポットであることが分りました．シナプスにやって来るインパルスが興奮性であったり抑制性であったりすることを思い出していただければ，このような効果をもたらす配線図を想像するのはやさしいことです．

では第17野で何が行われているのでしょうか．それについて述べる前に少し横道へそれて，他の脊椎動物ではいろいろと違ったことが起ることを指摘したいと思います．たとえばカエルでは網膜を静止した光で照らしても，視神経に興奮を起させる効果はあまりありません．大体のところ，この網膜はそこに写る像に変化が起きたときだけ情報を送るようになっています．実をいうと，このことは触覚細胞を含む感覚細胞全体に共通の特徴なのです．ヒューベルも言ったように，「靴をはいているということを1日のうち16時間も感じ続ける必要はないし，誰もそれを望みはしない」のです．カエルの網膜の驚くべき特徴の1つとして「虫検出器」の存在があります．網膜上を動く黒い小さな像によって刺激される神経繊維が存在するのです．

高等哺乳類の話に戻って，1次視覚野に入って来る神経繊維が，周囲が暗い光のスポットを網膜に当てることで最

も強い刺激を受けるという事実を想い出して下さい．ヒューベルとウィーゼルは網膜にさまざまな方法で光を当てながら，皮質の細胞の興奮を記録しました．その結果，最も効果的な刺激は角度の決まった光の線であることが分りました．細胞によって，いちばん強い刺激は周囲が暗い線であったり，反対に中心が暗い線であったり，あるいは明暗の境界線であったりしました．線の向きは大変重要で，角度を10度も変えると効果ががた落ちします．皮質の場所によって，網膜の同じ場所から来る情報ではあっても違う種類の線および違う角度の線に反応する細胞群がそれぞれあることが分っています．いいかえれば，脳には視野に対応する空間的な地図が存在するのです．

　もっと複雑なことに，1次視覚野では，両眼から来る情報がいっしょになります．右の視野からの情報は，それが右眼に入っても左眼に入っても左側の視覚野に行きますし，左の視野からの情報は右の視覚野に行きます．したがって，片側の皮質は視野の半分の地図しか持っていませんが，右と左の眼に対応した2重の地図があることになります．この2つの像は，特に近くの物体についてはいくらかずれますが，そのずれの比較によって距離についての情報が得られるのです．

　かなり大ざっぱな説明でしたが，網膜と1次視覚野が視覚入力について情報処理を行っていることは分っていただけたと思います．これらの場所では特に視覚像の局部的な特徴（カエルでは動く虫，哺乳類では明暗の線）を抽出して

います.しかし,このような局部的な特徴の認知は,全体像の把握からはまだ遠く隔っています.小さな暗いスポットの動きを感じることと,同僚のY教授が不機嫌であると感じたり,反対車線を走って来る車がいることを知ったりすることとは別の次元に属します.ですから,視覚入力の解析に関しては,1次視覚野が終点ではないということを強調しておかなくてはなりません.この部位からは,皮質の別の部位へ神経繊維が送られています.もしそうなっていないとしたら,1次視覚野には大きな対象を認知するのに必要な構造はないのですからかえって不思議なのです.1次視覚野の処理は局部的なものに限られます.ここのニューロンどうしの間には,少し離れるともう連絡がありません.網膜と同じように,1次視覚野もその情報をさらに分析するにはどこか他へ送らなければならないのです[1].

「ものが見える」ということ

ニューロンや脳について私たちが持っている知識で,私たちがどのようにものを見ているかをどれだけ説明できるでしょうか.デヴィッド・マーの説を借りて答えてみましょう.私が「ものが見える」というとき,それは私が3次元の物体とその位置関係を認定できるということを指しています.つまり,私は本が山積みされている机があって,その手前にいすがある,というふうに見ることができます.このようにものを見るためには,この世界でのいくつ

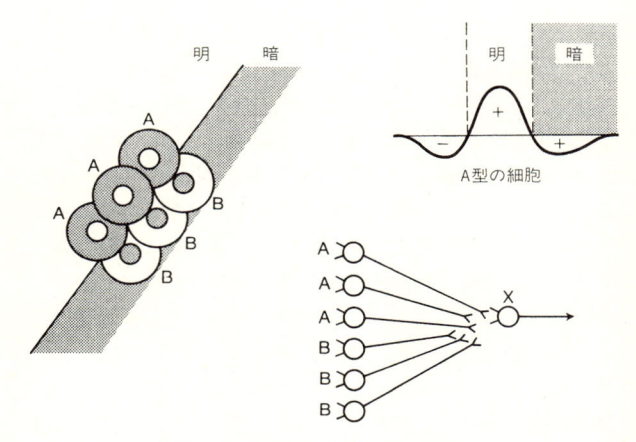

図11 方向性のある光と影の境界に
反応する細胞Xへの配線を示す図

細胞Xは2種類の細胞A, Bに刺激されて興奮します. A, Bとも網膜のある数の細胞からの入力を受けています. A型細胞はそれが受け持つ網膜の部分の中心が明るいとき刺激され, 周辺が明るいときは抑制されます. B型細胞は逆に中心が明るいとき抑制され, 周辺が明るいとき刺激されます. もし細胞が図に示すように境界線に並んでいれば, 全体としてXは興奮します.

かの真理と, 自分の眼の光学的特徴に頼っています. たとえば,

(1) 物体は面によってほかのものから区切られている.

(2) 1つの面は網膜上ではその明るさともようが段階的に変化する. (これはいつもその通りではありません. 面を横切って影がある場合もあります. そしてこのような例外は像の

解釈をさらに困難にします). 段階的な変化はその面の向きと形についての手がかりになる. たとえば光がどちらからさしているかが分れば, その面が凸面か凹面かが分る.

(3) もし1つの面Aがもう1つの面Bよりも手前にあれば, 右眼の網膜上での面Aの面Bに対する相対的な位置は, 左眼の網膜上のAに比べて少し左に寄る.

これらは, 像の解釈を可能にする諸事実のほんの数例にすぎません. 第1の仕事は面を認定することです. そのためには面のへりを認定するのが役に立ちます. 私たちはすでに視覚野にへりを感じる細胞があることを見てきました. 図11に, 特定の向きをした, 特定の種類のへりに1個の細胞が対応するための配線図を示します. 面にある目印についてはどうでしょう. まずなすべきことはたとえばレンガの壁や, ネコの毛並みや葉の茂った木など, 特定の目印の認定です. 膨大な数の神経細胞があるのですから, 特定の目印に特定の細胞が反応するようなしくみがあると考えることができるでしょう. もっともむずかしいのは, 特定の種類の目印が広い面積上でつくっているもようの認知です. ここでおもしろいのは, 同じ目印の配置によってつくられたもようを脳がきわめてうまく認知できるという事実です. レオン・グラスが行った実験はとても簡単で, コピー機械さえ使えればだれでも同じ実験をすることができます. たとえば透明なシートに小さな黒い4角形をたくさんでたらめに散らしたもようを描き, そのコピーを1枚つくります. この2枚を重ねて, 各4角形がぴったりと重な

るようにしてから，1枚を少し回転させます．その後でこれを見た人は，一目である点を中心とした回転が行われたことを認知できます．回転の角度がごくわずかで，各4角形からいちばん近い4角形がそのコピーであるような場合にはこれは当然であるともいえます．頭の中でいちばん近いものどうしを線で結べば，それらの線は回転中心をとりまく円を描くでしょうから．しかし，いちばん近いものがもはやコピーでないくらい大きな角度をつけても，やはり回転は認知されるのです．

　この能力が，同じ目印でできたもようの認知にもとづいていることは，次の2つの実験から分ります．さっきの4角形のもように，そのコピーの代りに，同じ位置に3角形があるような紙を重ねて回転してみます．すると今度は回転を認知することはできなくなります．次に，4角形のもようのコピーを少し拡大してとってもとの図と重ねると，ある点を中心に放散するイメージが得られます．この拡大コピーと最初の図を重ねた上に，回転させたコピーをさらに重ねると，何だか分らなくなってしまいますが，最初の図と回転コピーの4角形が薄い色調で，拡大コピーだけを濃くして重ねると，回転もようを認知できるのです．

　このような実験はとるにたらぬもののようにみえるかもしれませんが，そうではありません．私たちが，同じ目印でできたもようを目でとらえることができることをこれらの実験は示しているのです．コンピュータに同じことをさせるようなプログラムを作るのも難しいことではありませ

ん．このような認知能力のおかげで私たちはものの表面を見分けることができるのです．しかし，神経生理学的にみると，1次視覚野のような，ニューロン間に局部的な連絡しかない場所では，網膜上の広い範囲を覆うもようを認知することはできませんので，どこか他の場所でこの仕事が行われているにちがいありません．

物体の面を見分けることは，ものを知る最初のステップとしてはよいのですが，これだけでは十分とはいえません．私たちはどのような面とどのようなへりが存在し，それらが目に対してどのような向きになっているかということを見ることによって，それがどのような3次元の物体であるかを，かなり自信を持って判定しているのです．その判定はどうやってなされるのでしょうか．

3次元の物体を知覚するには

現在一般的に認められている考えは，3次元の物体を知覚するためには，前もって頭の中にこの世に存在しそうないろいろな形のモデルをもっていて，それらの形が2次元的にはどう見えるかも分っていて，実際に網膜に映った像をそれらのモデルにあてはめるという作業をしているのだという考えです．この考えを最初に唱えたのはドイツの生理学者，ヘルマン・フォン・ヘルムホルツでした．1886年に彼は，ものを見分けるということは，「類似をもとにした無意識の結論」を得ることだと述べています．この「類似」とは，この世界がどのようなものかについて，前

もって持っているイメージ，すなわちモデルを意味しています．この考えが正しいことは今になってようやく明らかになりつつあります．これが正しいということを納得していただくために3つのことについて考えてみましょう．まず第1に私たちは自分の見ているものについて不可避的にそれを何かにあてはめようとすること，第2にコンピュータは適切なモデルが与えられた場合にだけものを見ることができるようプログラムされ得ること，そして第3に私たちがものを見て何であるかを推測する習慣は大変うまくいっていることです．これらについて述べる前に哲学的な問題に触れておきましょう．最初にこのような説を聞いたとき，私はそれをあまり認めたくありませんでした．なぜなら，このような説に従うとすれば，身のまわりの世界についての私の知識は，自分で考えていたよりずっと信頼度が低くなるような気がしたからです．しかし，特定の知覚をとり上げれば，その信頼度はたしかに低いのです．世界がどのようなものであるかということに関して私たちが理性的な確信を持てるとすれば，それは自分のもつさまざまな知覚が一致し，また他の人の知覚とも一致するからであり，またいちばん重要な理由としては，その知覚を検証すればふつうは確認することができるからなのです．もし私が机の上の積み重なった本を見たとすれば，そこへ近寄れば触ることのできる本が実際に存在するのです．

　それではまず，私たちが目にふれたものを何かにあてはめてしまう性癖について示しましょう．ロールシャッハ・

テストで左右対象のインクのシミを見せられると，私たちはそれをただのインクのシミとしては見ずに，コウモリ，魔女，人の顔，あるいは竜などに見立ててしまいます．私たちの本能は何かのパターンを求める性癖を余りに強く持っているために，どんな入力に対しても，それがまったくでたらめなパターンであると認めたがらないのです．人類の歴史の中でもっとも奇妙な特徴の1つとして，将来を予言するためにランダムなパターンを作るしかけを使うことが挙げられます．そのしかけとはサイコロ，カード，キビガラの棒，カップの底のお茶の葉，肩甲骨を火に投じた時にできるひび割れなどです．私たちはそれらのパターンに意味づけをします．このように，どんな入力でもそれをランダムだと認めたがらないという性癖は数百万年の進化によって生み出されたものなのです[2]．大多数の入力には意味が付随しますが，その意味を見出すためには，それが何であるかを考え，その考えが道理にかなっているかどうかを調べる必要があります．このような目的でサイコロを振って目を出す場合には，普段なら無意識にそして即座にやってしまうことを意識してゆっくりとやるだけなのです．

　パターン認識に，仮説が組みこまれることが必要だという事実は，線描図の解釈のために作られた多くのプログラムを例に挙げることによって説明できます（図12）．結果としては，そのようなプログラムは，視覚像の中からへりの部分を抽出する仕事が完了していると仮定して，それらの線の集合を3次元の像に変換することを行うものです．

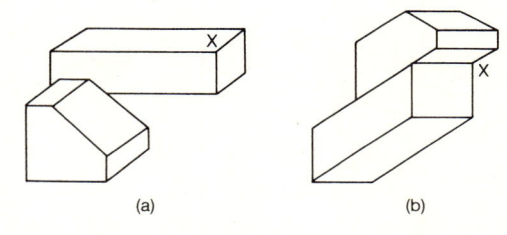

図12 立体として知覚できる2つの線画

(a) はコンピュータプログラムでも正しく解釈できる像. (b) では同じ2つの物体の相対的な位置を変えてあります. X という特性は2つの線画の間で異なる解釈を与えます.

うまく働くプログラムには共通の特徴があります. それらのプログラムには, 2次元の像にはどんな特徴があるかについての一連の仮説と, それらの特徴をいっしょにするとどのような3次元物体にあてはまるかを決める一連の規則とが含まれています. たとえば図12a の X という特徴について考えてみて下さい. 3本の線が一点に集中しています. 考えられる仮説の1つとして, そしてそれは実際正しいのですが, 3つの面が一点で接し, その点は観察者の方へ向って突出しているというものです. もう1つの仮説は, 図12b の X にみられるさっきと同じ特徴にあてはまるもので, 3本の線の集合点が観察者から遠ざかる方向に突出しているというものです. この2つの仮説のどちらが正しいかを決めるには, このような局所的な特徴が集まることによって立体となるのに必要な規則をプログラムに含

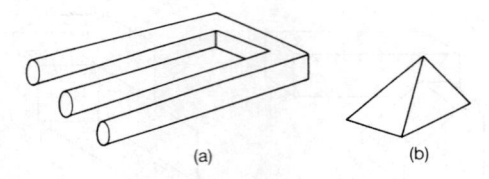

図 13　2 種類の線画
(a) はちゃんとした 3 次元の解釈が成立しません．(b) は両面的で，ピラミッドにも見えますし，四角い紙を対角線に沿って折ったようにも見えます．

める必要があります．図 12a の X が突出しているという解釈は図全体の中のほかの特徴を合わせることによって実在し得る立体を形づくる上で許容されるからなのです．図 12b の X が別の解釈をされるのも同じやり方によっているのです．もちろん，2 通り以上の解釈があるような，あいまいな図もあり得ますし，解釈不能な図もあり得ます（図 13）．

画像を認知するコンピュータには必要な数の仮説と規則が含まれていなければなりません．だとすれば動物も同じような規則を生れつき持っているかもしれません．たとえばセグロカモメのひなは，点のついた細長いものが親のくちばしであるという仮説を持って生れてきます（136 ページ参照）．しかし私たちの頭の中にあるモデルの大部分は学習によって作られたものです．ときには，このようなモデルによって，私たちはごくわずかな手がかりをもとに多くの情報をひき出すことができます．ヨハンソンとマースはそのことをみごとに示しました．彼らは暗黒中でひざや

ひじなどの関節にあかりをつけた人の動きを映画にとりました．この映画を見た人はこれらのあかりの動きだけでそれが人間であることをあてました．あてるためには人間がどう動くかについて正確でしかも柔軟なモデルを頭の中に持っている必要があります．

まとめ

この章では，脳について何が分っているか，またものをどのように知覚するかということの理解のためにどのような問題を考えなければいけないかを示してきました．まとめの意味で，どのようなことが問題となるかを箇条書きにして，答えられるものについてはその答えをもう一度皆さんに思い出していただきましょう．

(1) 網膜上に映った像には原則的にみてどのような情報が含まれ，それはどんな物体が存在するのかを決定するのにどう役に立つか？

これについては，面の像についての例を挙げました．

(2) 情報を抽出するのにどのような処理がなされ得るか？

これについては1つの例として両眼の網膜上の像の比較と差の検出から距離の情報が得られること，またもう1つの例としてある範囲にわたって同じ目印がいくつも存在するという場合の処理を挙げました．

(3) 心理学実験によって，このような処理の行われ方について手がかりが得られるか？

一例として，私たちが頭の中で物体を回転させることができるということは前章の終りで述べました．また本章ではもう1つの例として，同じ目印の集合の認知について述べました（私たちが何かをできるということを心理学的実験で示すことと，何かをできるようにしている処理の説明とはまったく別のことだということに注意して下さい）．

　(4) 像に含まれる面やへりの情報は，どのようにして3次元の知覚に変換されるか？

　この問いにはコンピュータに同じ仕事をさせるためのプログラムを考えることによって，また私たちが物体を知覚するのに必要最小限の情報は何かを見出すことによって答えることができます．

　(5) では実際にはどのようにして処理が行われるのか？

　これは神経生理学者の領域の話になります．このことに関連した発見としては，ニューロンどうしの接合には興奮性のものと抑制性のものとがあること，学習によってシナプスが変化すること，また1次視覚野には，網膜の特定の場所に投影された，特定の向きを持った特定の種類のへりに対して反応する単一の細胞が存在することなどが挙げられます．

　ここに挙げたさまざまなアプローチのうち1つか2つを採用する科学者は，自然に，そして不可避的に自分のアプローチが最上であるという確信を持つようになるものですが，私はすべてのアプローチが必要ではないかと考えています．

9章 発　生

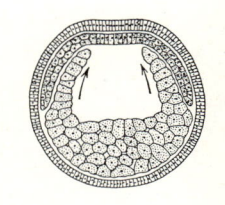

　動物の形については，2通りの考え方ができます．クジャクチョウの前翅にある目玉もようを例にとってみましょう．1つの考え方は適応についての説明を試みることです．私たちは，この目玉もようは捕食者をおどして追い払う役に立つだろうと推測できます．そして実際にそうだという証拠もあります．しかし，このような適応上の説明が正しいとしても，この目玉もようがどのようにして作り上げられるかは分りません．形の発生のしくみを理解することは，まさに生物学の重要な課題の1つなのです．形の発生が分りにくい1つの理由は，発生する機械を私たちが作れないからともいえます．というのは生命現象と同じ現象を示す機械を開発することによって，はじめてその現象が理解できることがしばしばあるからです．私たちが作るものの形は私たちが力や材料を加えることによってでき上るもので，自力で複雑な形になる胚のような機械を作ることはできないのです．

形を決めるもの

　単純な卵がどのようにして複雑なおとなに変るのでしょ

うか．歴史を振り返ると，このことについては2つの考えが対立していました．前成説をとる人びとは，卵の中に小型の，しかし完全な形のおとなが入っていて，発生とは単にそれが大きく成長するに過ぎないと考えました．この考えだと，なぜ次第に複雑になるかを説明しないですみます．そんなことは起らないといえるからです．でも，そのかわりこの考えだと，卵の中に小さなホムンクルス（訳注 小びと）がいると考えるだけではすまなくなり，そのホムンクルスの体内の卵にはさらに小さなホムンクルスがいて……という入れこ人形のような繰り返しを無限に考えなければならなくなります．無限ではないとしても，少なくともイヴにまでさかのぼって，彼女の体内には将来の人類の全世代のホムンクルスが入れこ細工になって入っているということになります．それでも，エデンの園を信じる人びとならこの前成説を受け入れることもできたかもしれません．しかし進化を信じる生物学者なら，このような考え方ではなく，発生の過程で複雑さを増していく現象が起るのだという「後成説」を受け入れないわけにはいきません．

　今では，形態形成（形の発生ということです）は遺伝子によってプログラムされているというのがはやりの表現です．私は，この表現は，ある意味では正しいけれども，役には立たないと思います．発生のプログラムを理解しない限り，この表現は分ってもいないことを分っているといっているような誤った印象を与えてしまいます．たしかに私

たちは遺伝情報，すなわち DNA の塩基配列がどのようにしてさまざまなタンパク質に翻訳されるかを知っています．しかし，ゾウの遺伝子がつくり出せる1千〜1万種類ものタンパク質を小さな袋に入れたとしてもそれはゾウではありませんし，ゾウになることもありません．

そうだとしたら，遺伝情報をもとにタンパク質ができるしくみを知ることによって，どこまで生物の形を説明できるでしょうか．ある程度はできますが，とても全部を説明することはできません．2章で，DNA の塩基配列がタンパク質のアミノ酸の配列にどのように翻訳されるかを説明しました．でき上った数百のアミノ酸からなる鎖は，適当な液体の中で適当な温度条件を与えられれば，折れまがって3次元の球状の構造となり活性のあるタンパク質になります．時には異なるタンパク質の分子どうしが立体ジグソーパズルのように組み合さって，もっと大きな構造にもなります．実際にはこの場合，各分子は細かく動いていて，うまく互いに組み合さる部分が合致すると結合します．このような「自己組立て」の過程は，いくつかの細胞内の構造，たとえば39ページに述べたリボソームなどの形成のしくみとして働いています．リボソームは50種類ものタンパク質と RNA 分子からできています．遺伝情報がどうやってリボソームの形を決めているかが分っているといってもほとんどまちがいではありません．DNA の塩基配列がタンパク質のアミノ酸配列を決め，アミノ酸配列がそのタンパク質の3次元の形を決め，そのような分子どうしが

ジグソーパズルのように組み合されてリボソームができ上るのです．

こうなると，同じようなジグソーパズル方式でゾウの形も説明できそうに思えますが，そうはいきません．ゾウの頭蓋骨と人間の頭蓋骨では形がちがいますが，これはゾウの頭蓋骨ができる時に結合しあう分子の形が人間の頭蓋骨をつくる分子の形と違うからではありません．ジグソーパズルの形なら個々のかけらの形によって決定されますが，はっきりした形をとる物体でも，その成分である分子の形からでは説明できないものもあるのです．たとえば，岸に寄せて砕ける波は，くり返し寄せることでも分るように決してランダムな形ではありませんが，その形は水の分子の形からはどうやっても説明できません．もし海がアルコールでできていたとしても，波はほとんど同じ形になるでしょう．

ある意味では，ゾウの形はリボソームの形とはちがって，それを構成する分子の形とは無関係です．しかし別の意味ではゾウの形を決めている特別の分子があるともいえます．なぜなら，私たちはもし受精卵のある遺伝子に変化を与えたら，発生してくるゾウの形を変えることができるということを知っているからです．

遺伝子か環境か

リボソームより大きな構造について理解する１つの方法は，生物体が筋肉細胞，骨の細胞，神経細胞などのさまざ

まな細胞が配置されることによってでき上っていることを思い起すことです．なぜ細胞はさまざまにちがう形をとるのでしょうか．私が生物学を学んだとき教わったのは，ワイスマンという学者は生殖系列と体細胞の独立性に関しては正しい説を唱えたのに，この問題についてはまちがった答えを与えたということでした．ワイスマンは，細胞が異なる種類に分れるのは細胞が分裂するときに遺伝子が不均一に分れるからだと考えました（彼は遺伝子ということばは使いませんでしたが，意味は同じです）．しかし，本当はからだの細胞はすべて同じ遺伝子をもっていて，そのうちのどの遺伝子が活動するかによって細胞の種類が決まるのです．今では，違う細胞には違う遺伝子があるというワイスマンの考えが誤りなのは確かですが，彼の着想はその後の発展のきっかけとなりました．

　もう1つの可能性として，彼はさらされる環境の違いによって細胞が変化する可能性についても考えました．このようなことがときには起ることを彼は知っていました．たとえば，イモリの脚を切断すると，切口から新しく脚が生じます．この時，切口の細胞はふつうだったらしないようなことをするわけですが，それは多分，それらの細胞がそれまでと違う環境におかれたからだと思われます．細胞が外界からの新しい影響によって変化するという明確な証拠は，シュペーマンが1924年に初めて示した誘導という現象が提供してくれます．誘導の例として脊椎動物の眼の発生をみてみましょう．眼ははじめ，脳から突き出した杯状

の構造（眼杯）をとります．この杯の部分が網膜に，また杯と脳を結ぶ柄の部分が視神経になります．眼杯はどんどん発達して胚の頭の表面の細胞層に接します．この細胞層は，ふつうなら通常の表皮の細胞になるはずなのですが，眼杯と接すると，眼杯からの誘導作用でレンズに分化します．

　このような例について，ワイスマンは「決定因子」（つまり遺伝子です）が特殊な刺激によって「解放された」のだといいました．こういう現象を知っていたにもかかわらず，彼はすべての細胞の分化がこのようにして起ることはありそうもないと考えたのです．なぜなら，発生中さまざまな影響を及ぼし続けるのに十分な数の，それぞれ特定の外的刺激が存在し得るとは思わなかったからです．このような理由で彼は細胞ごとに異なる遺伝子が配分されると考えたのです．彼の考えは誤りでした．しかし，現在でも細胞の分化を促す特殊な外的刺激がどのようにして起るかについては，その全部は明らかになっていないということを公平を期すためにつけ加えておきたいと思います．

　私は何回もワイスマンは誤りをおかしたと述べてきました．どうして誤りだと分るのでしょうか．それはいくつかの証拠があるからです．もっとも簡単な証拠は，細胞分裂を観察すると両方の娘細胞にまったく同じ1組ずつの染色体が分れて入るという事実です．もっと明確な結論は，受精したばかりの卵から核を取り除き，かわりにすでに腸の細胞や表皮の細胞に変化しつつある細胞の核を移植すると

いう実験から得られます．もしも分化しつつある細胞が，たとえば腸の細胞になるための遺伝子しか持っていないからそのように分化するのだとしたら，そのような細胞の核は卵の核と同じ働きはできないはずです．しかし実際には，このような核を移植された卵は，少なくともときには正常に発生できるのです．このことはその核に遺伝子の一部ではなく全部が含まれているということを示しています．もっと最近では，より直接的な証明として，いろいろな種類の細胞から DNA を抽出して，いくつかの遺伝子の塩基配列を調べることで確認されました．

そこで次に，ワイスマンが解答不能と考えた問題に立ち戻りましょう．たくさんの細胞から異なる活性をひきだすのに十分な数の外的刺激は，どのようにして生じるのでしょうか．あるべき場所にあるべき種類の細胞が出現するように，それらの刺激が空間的にうまく配置されるようなことがどうして起るのでしょうか．このことについてはすでに，眼杯によるレンズの誘導という例を挙げました．レンズは眼杯のすぐ外側という正しい位置にできますが，それは眼杯との接触によって誘導されるからなのです．動物では，細胞の層がいくつもでき，それが折りたたまれることによって特定の場所でお互いに接触するという現象が発生中にみられるのが普通です．これでワイスマンの問いに一部は答えることができます．

細胞分化の第 2 の要因は，ショウジョウバエの「始原生殖細胞」のでき方を例にして説明することができます．こ

の動物の受精卵には，その一方の端に極細胞質と呼ばれる特殊な細胞質があります．卵が分裂して多くの細胞に分れるとき，一群の細胞はこの極細胞質を含む細胞になります．そして，さらに多くの分裂ののち，卵や精子になるのはこれらの細胞なのです．何かの原因でどの細胞にも極細胞質が含まれないようなことが起ると（これは実際にときどき起ります），発生したハエは一生不妊になってしまいます[1]．このように卵の一部に特殊な物質があり，それを含むようになった細胞が特定の分化をするという例はこれだけではありません．しかし，このようなやり方で起る分化は少ないこともたしかです．

このように，卵の中の物質の偏りがいくつかの分化の原因になりますし，もっと多くの分化が誘導によって説明されます．しかし，見たところ均一な細胞層でも分化が起る例がたくさんあります．見かけだけが均一なのでなく，実際にも均一な組織であることが実証できる場合もあります．たとえば組織を半分に切っても，切らなかった時と同じ構造をとることからそれが分ります．このように，均一な組織に特定のパターンが生じることは，どうすれば説明できるでしょうか．

チューリングのモデル

このことに答えるための決定的な一歩をふみ出したのは英国の数学者，アラン・チューリングだと私は思います．多くの人びとにとって，チューリングはコンピュータ理論

で業績を挙げた人として知られていますが，形態形成の理論についての彼の研究もそれと同じくらい重要なものといえるでしょう．彼はそれまで常識と思われてきたことが実は誤りであるということを示した人です．常識と思われていたことというのは，拡散が起るとどんなものもみんな均一に混り合ってしまい，その結果，場所によるちがいは消えてしまうというものです．たしかにこれはたいていは本当です．コップの水の中に水溶性の染料を一滴たらせば，それは少しずつ拡散して，しまいには全体が同じ色になります．チューリングは，これが普遍的な真実ではないということを示しました．もっとくわしくいうと，もしある化合物どうしが液体の中で拡散する時に反応を起すような場合には，その反応物が均一に分散するとは限らないということを彼は示したのです．ある種の化学反応がある拡散速度の下で起るとき，たとえ最初は均一に拡散したとしても，その後で規則的なパターンが現われます．その場合，場所によってそれらの物質が濃縮され，それ以外の場所にはほとんど存在しないというようなことが起ります．

　これは直感とは反対の結果です．しかしチューリングの論文以後，実際にパターンを生じる化学反応，すなわちジャボチンスキー反応があることが報告されました．どのような物質の反応かについては立ち入る必要はないと思うので，何が起るかだけについて述べましょう．シャーレなどの容器に2種類の溶液を混ぜて入れ，しばらくおきます．混合液は最初一様に褐色ですが，この均一な状態は安定で

はありません．そのうちシャーレのどこかに青色の点が現われ，環状になって拡がります．それからその環の中心にまた青色の点が現われ，これが繰り返され，いくつもの環が同心円状に現われて広がって行きます．これとはちがうパターンも起り得ます．最終的には，化学反応が完了するとパターンは拡散によって消失します．このように，このパターンは 14 ページで述べた「散逸構造」の一種なのです．つまりエネルギー，この場合には化学反応に由来するエネルギーの連続的な流入によって維持されるパターンなのです．

　チューリングのモデルとジャボチンスキー反応は，高濃度の部分と低濃度の部分とがはっきり分れて規則的に配列する波状のパターンがどのように生じるかを示しています．私は，繰り返しのある構造，たとえばミミズの体節，花弁，シマウマのしまもようなどの発生にもこのようなことが関係しているのではないかと考えたいのです．もっと単純なものとしては，高濃度から低濃度への勾配が考えられます．このような勾配は，一方の端で物質が合成され他方の端でそれが分解されるような場合に生じます．もちろん，勾配が存在することを証明するだけでは十分ではありません．たとえばカエルの卵は一方の端が他端より黒い色をしています．しかし，そのような勾配がその後の発生に影響することも示さなければなりません．このことを簡単に，そしてみごとに示したのはピーター・ローレンスです．それは彼がケンブリッジ大学で学位をとるための研究

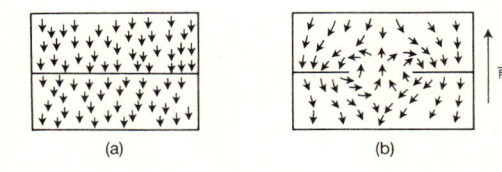

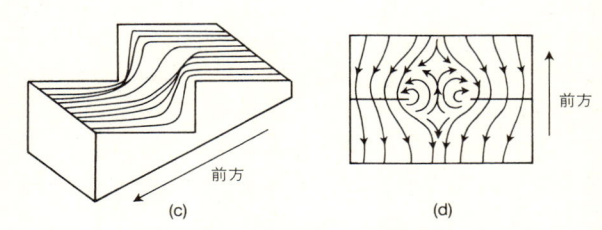

図14　ある種の昆虫の剛毛のパターン

(a) は腹部の二体節を示したものです．矢印は剛毛の向く方向を示します．(b) は体節間の膜の中央部が欠けている異常な個所の剛毛を示したものです．(c) は各体節の前端でつくられ，後端で分解される仮想の物質の濃度．膜の欠けている中央部ではその物質が前方へ拡散します．それを (d) で示します．矢印は濃度勾配の下流を指しています（ピーター・ローレンスから引用）．

の一部としてなされました．彼は *Onchopeltus* という昆虫の腹部の小さな毛の生え方のパターンを調べました（図14参照）．腹部の各体節には毛が均一に散らばって，またすべて後方に向って生えています．このパターンはまことに単純なもので，とても研究に値するようにはみえませ

ん．しかし，もし体節間を区切っている膜が一部欠けている場合には，びっくりすることが起ります（図14b）．この場合，毛は2つの渦巻きをかたち作るように配列するのです．なぜでしょうか．

図14にはローレンスの説明を示してあります．彼の考えはこうです．腹部の各体節には拡散性の何かの物質の濃度勾配があり，それは前部で高く後部で低い．体節間の膜は拡散を遮断しているので，膜をはさんで前の体節の低濃度と後の体節の高濃度とが近接している．そして毛は濃度の低い方向へ向って生える．これを示したのが図14aです．膜の一部が欠けたらどうなるでしょうか．その物質は後の体節から前の体節へと流れ込み，そのときの濃度の変化は図14cで示すようなものになるでしょう．もしも毛が局部的な濃度勾配の下方に向って生えるのなら，この部分での毛の向きは，まさに観察されるように2つの渦巻きを形成するでしょう（図14d）．

私はこの考えを支持しますが，そうでない人もいるでしょう．ローレンスは彼のモデルにあてはまるように分布している物質を見出したわけではありません．それに彼の説は，逆に体節の後部から前部への濃度勾配と，勾配の上流に向って生える毛を想定しても同じように成立します．ものをみても，そのものが何からできているか分らないうちは信じない人びととならこのような説は納得できないでしょう．しかし，科学の理論とはだれも見たり触れたりしたことのない実体を予想することから出発するものだと私は考

えます．遺伝子，原子，光子，ウイルスなどはすべてその例です．もしその理論が正当なら，いつかだれかがその仮想の実体が実在することをもっと直接的な方法で示してくれるでしょう．

　発生においてパターンが生じる過程はジャボチンスキー反応やチューリングのモデル，あるいは一端で合成，他端で分解が起ることによる勾配の形成などに比べてはるかに複雑なことはたしかです．化学反応や拡散と同様に，あるいはそれらの代りに電気的なあるいは機械的な現象も関係しているかもしれません．しかし，大切なことは，エネルギーが供給されれば均一な場が不均一なものに変り得るということです．その結果，特定の化学物質が特定の場所に濃縮されるようなことがあれば，その場所にある細胞を分化するよう誘導することもあり得ます．培地にガラクトースを加えると細菌がそれまでは作らなかったタンパク質を作るよう誘導されるのと同じようにです．もちろん，高等生物の細胞が誘導によって起す変化は細菌での誘導による変化よりはるかに安定で長続きするという点で大きく異なります．

プレパターンと反応能

　発生において，成体の極度に複雑なかたちがただ1つのパターン形成過程によって生じると考えるのはおそらく誤りでしょう．発生はいくつもの段階をふんで起り，1つの段階の完了が次の段階の出発点になるのです．具体的な例

として，脊椎動物の発生の初期にみられる嚢胚形成を挙げることができます．嚢胚形成は，多数の細胞でできた中空の球である胞胚に陥入が起って，一端に原口という穴を持つ，2層の細胞でできた球になる過程のことです．嚢胚形成が完了すると，その細胞は将来の運命にもとづいて数種類に分けることができるようになります．すなわち，「外胚葉性」(皮膚の外層，毛，眼のレンズなどになるよう運命づけられます)，「内胚葉性」(消化管の内側の層)，「中胚葉性」(筋肉，骨，血管そのほか多くの構造) などで，また最終的に脳や神経系になるよう運命づけられる細胞もあります．これらの区分けは固定的です．外胚葉の細胞を誘導して筋肉や骨にすることは簡単ではありません．しかし各区分けの内部ではおのおのの細胞は広い可能性を持っています．外胚葉の細胞は皮膚になることもできるし，眼杯に誘導されればレンズにもなれることは前に述べました．このような可能性の幅は発生の段階が進むにつれて狭くなっていきます．

遺伝子が発生を「プログラムする」，あるいは「支配する」という言い方がどれだけふさわしいかをもう一度考えることにしましょう．チューリングの考えたような過程が細胞層にパターンをつくり，それによって局部的に濃縮した物質がそこにある細胞の特定の遺伝子を活性化すると想定してみましょう．遺伝子はこの過程に2通りの関わり方をすることが考えられます．第1に，パターンに関係する化学反応が，遺伝子によって決定された酵素の触媒を受け

る場合です．そういう場合には，遺伝子が変化すれば，単にそれによって反応速度が変るだけでもパターンが消えたり，形が変ったりするでしょう．第2に，遺伝子が変化することによってその細胞の誘導物質に対する反応が変ってしまうこともあるでしょう．たとえば同じ刺激なのに違う遺伝子が活性化されることだってあり得ます．

アメリカの遺伝学者，カート・スターンは遺伝子の変化によって形態が変る場合のこの2通りの過程を初めてはっきり区別しました．彼はそれぞれを「プレパターン」および「反応能」の変化とよびました．この区別をするきっかけとなった観察事実はまことに簡単なものでした．彼はショウジョウバエでからだの一部に他の部分とは遺伝的に異なる細胞が存在するようなものをつくる方法を開発しました．それは多くの場合，劣性の突然変異遺伝子が，からだの大部分ではヘテロで存在するのに，その部分だけホモであるようなものです．図15に1つの例を挙げてあります．劣性突然変異の1つに，「無毛」というのがあって，ある1対の剛毛が欠ける形質を示します．スターンは遺伝的には野生型で，剛毛の生じる部分にだけ「無毛」の組織のあるハエと，「無毛」のハエでその部分の組織だけ野生型のハエとを調べました．図15にそれを示してあります．

観察結果は次のように解釈されます．剛毛そのものの発生に先立って，そこの組織にプレパターンが生じます．私はこれがチューリングの過程によって起る誘導物質の濃度の極大点だと想像するのですが，スターンの理論にはその

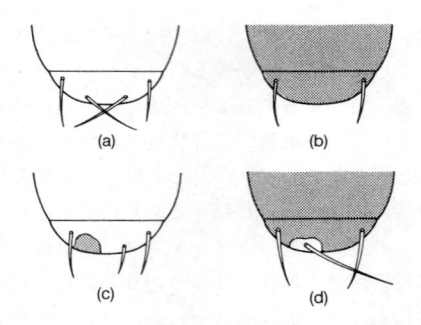

図 15 ショウジョウバエの小盾枝の剛毛
(a) は正常なハエ, (b) は「無毛」のハエ, (c) は「無毛」の組織を部分的にもつ正常なハエ, (d) は正常な組織を部分的にもつ「無毛」のハエ. スターンの実験では表皮の色に影響する他の突然変異を導入することによって, 正常と「無毛」の組織を色で見分けられるようにしました.「無毛」のハエに部分的に存在する正常組織は剛毛をつくりますが, 正常なハエに部分的に存在する「無毛」の組織は剛毛をつくりません（カート・スターンによる実験を示す).

ようなことは考える必要はありません．それぞれの極大点はその場所の細胞を分裂させ，剛毛をつくらせます．無毛のハエではプレパターンは正常に生じますが，その場所の細胞は反応しません．おそらく反応に必要な遺伝子が変ってしまっているからでしょう．スターンはこの方法で他の多くの突然変異遺伝子の研究をしましたが，その大部分はプレパターンそのものの変化ではなく，プレパターンに細胞が反応できなくなったということで説明できるものでした．しかし，プレパターンは突然変異を起さないとか，遺

伝子とは無関係なものだと考えるのは誤りでしょう．プレパターンがチューリングが提唱したような生じ方をするものであれ，ほかの物理化学的な過程で生じるものであれ，遺伝子の変化によって変り得ることにまちがいはないと思われます．

　スターンの研究以来今日までの間に，遺伝子と発生の関係についての研究ははるかに洗練されたものになっていますが，基本的概念は依然として本章で述べた内容と同じです．最近の研究は，一方では組織，細胞さらには個別の遺伝子を違う部分に移しかえてみるという手法に，他方では特定の過程に関与する遺伝子を決定するという手法によって進展しています．形態形成はパターン形成の諸過程の組合せ，およびさまざまな遺伝子の活性化と不活性化の組合せと考えられます．チューリングのモデルはパターン形成過程の原型ともいうべきもので，おそらく単純すぎるとも考えられますが，私たちが探し求めている過程はこれではないかとも思えます．遺伝子の活性化のモデルとしては，ジャコブとモノーが細菌で発見したしくみがここでも原型として役立ちます．もっとも，真核細胞で起る変化は，分子レベルでのちがいがあり，またはるかに安定であることはたしかですが．

　発生についての私たちの理解は，1930年代の遺伝学を連想させます．当時，特にモーガンとその協同研究者たちのショウジョウバエの研究のおかげで，遺伝子が染色体上にどのように配列し，世代から世代へどのように伝えられ

るかについて抽象的なモデルを持つことができましたが，遺伝子の組成やその複製，さらにはタンパク合成における役割については何も分っていませんでした．今日，発生について私たちは勾配とかプレパターンあるいは遺伝子の活性化といった抽象的な知識を得つつあるところです．しかし，勾配が存在しそれが発生に影響すると確信はしても，一体それは何の勾配なのかについては分っていない状態ですし，遺伝子が実際にどのようにして活性化されたり不活性化されたりするのかについてもわずかな知識しかありません．もっと正確にいうなら，多くの研究者がアイデアを持っているのですが，それらはいまだに一致していないのです．

10章　生命の起源

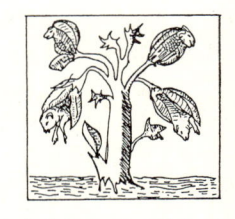

　ダーウィンは『種の起源』を次のようなことばで結んでいます．

　　このような生命観は，最初に創造者によって息を吹きこまれてできた，いくつかの能力を持つ数少ない，あるいはただ1つの生命が，この惑星が不変の引力の法則に従って回転している間に，きわめて単純なものから無限の美しく驚嘆すべき形に進化し，また進化しつつあるのだという壮大な観点に立っているのである．

　彼はこの記述を後で悔みましたが，私が思うには，彼は生命の起源の問題に実験的に取り組むための見通しを持てなかったために，創造主の手にゆだねたのでしょう．しかし今日では事態が大変異なっています．化学現象から生命現象への推移において起ったにちがいないさまざまな段階について，現在では次第にはっきりとした考え方がされるようになってきました．これらの諸段階のいくつかはきわめてよく知られていますし，他の段階についても活発に研究されています．完全な解答にはまだ遠いのですが，この

解答を得ることは生物学の諸問題の理解のための巨大な一歩となるでしょう．

ここでもう一度生物とは何かについて繰り返した方がよさそうです．生命体とは増殖，変異および遺伝という性質を備えたものです．地球上の生命の起源を理解するためには2つのことが必要です．第1に，これらの性質を備えたものが，地球という条件下でどのようにして生じ得たのかを知らなければなりません．生物体が生じさえすれば，自然淘汰による進化が引き続いて起ることは当然でしょう．しかし，最初の生命体は現在存在するどんな生物よりもはるかに単純だったはずですから，第2に最初の単純な生命体がどのようにして現在の生物のようなものに進化し得たかを知る必要があります．

この章の構成は次のようになっています．まず，生命の起源の最初の2つの段階，すなわち有機分子の起源とポリマーすなわち重合体（有機化合物が連なってできる高分子物質）の起源について述べます．どちらのステップも基本的には化学の領域に属しますので，どちらかといえば簡単にすませようと思います．次に「コアセルヴェート」，「プロテノイド」と「ミクロスフェア」，そして「はだかの遺伝子」についての3つの実験を示します．これらの実験は未知の部分がどれだけ解明されつつあるかを示してくれます．でも，どの実験も厳密にいえば完全な解答にはなっていません．どれも自己の複製に必要なすべての酵素の情報を持つような，核酸をもとにした遺伝のしくみの起源とい

う中心的な問題を未解決のまま残しています．章の最後では，この問題がどうすれば解けるかについて論じます．

有機化合物の起源

　生命の起源についての真剣な研究が始まったのは1932年です．この年，ホールデンとソ連の生物学者オパーリンはまったく別々にではありますが同じ主張をしました．それは，原始の地球の大気には酸素ガスが含まれていなかったということです．生命への最初のステップは「有機」化合物，すなわち炭素を含む化合物が化学的に生じることです．このような化合物は酸素ときわめて反応しやすいので，大気中に酸素があったら長もちしないはずです．したがって，生命の起源には酸素ガスのないことが条件となります．原始大気に実際に酸素がなかったということについては直接証拠もあります．太陽系の他の惑星の大気には酸素ガスはありません．もっと直接的な証拠もあります．鉄は酸素があると赤茶色の酸化鉄（Fe_2O_3）になりますが，地球の最も古い岩石中では鉄はあまり酸化されていません．

　主題からはずれますが，ここで現在の大気中の酸素の起源について触れておきましょう．簡単にいえば緑色植物が太陽のエネルギーを使って水の分子を分解し，水素は有機物の合成に使い，酸素を放出したからなのです．しかし，実は物事はそれほど単純ではありません．植物体が死ぬと，その組織が化学的に分解する際に，その植物が生きている間に放出したのとちょうど同じだけの量の酸素が使わ

れるのです．1本の木が生きて死に，そして分解される全過程でみれば，大気中には1分子の酸素も増えないことになります．酸素が増えていくためには植物の遺体は酸化されてはならず，非酸化状態で保存され，ついには石炭や石油に変らなければなりません．このことを知った時，私は地球最後のドライバーがタンクの中の最後のガソリンをもやすために最後の酸素分子を使い切ろうとしている図を思い浮べました．しかし，多分幸いなことにといえるのでしょうが，このような化石燃料炭素の大半は私たちが簡単に手に入れることのできないような場所にあります[1]．

　ホールデンとオパーリンは，酸素ガスのないところでなら有機化合物は自然に生じると論じました．この説は1953年にシカゴのスタンレー・ミラーとハロルド・ユリーによって実験されました．ミラーは原始大気に含まれていたと思われる水蒸気，メタン，水素およびアンモニアを混合したガスの中で放電（いなずまを想定して）を行いました．その結果，多種類のアミノ酸を含むさまざまな有機化合物が生じました．これ以後，同じような実験が繰り返され，生物体を構成する物質のほとんどすべてが合成されることが分りました．原始地球では放電よりも紫外線の方がより重要なエネルギー源だったかもしれません．現在は紫外線は大気の上層でオゾン層によって吸収されますが，酸素ガスのない大気ではオゾンも存在しなかったでしょう．原始の海の中にできた有機化合物は，それと反応する酸素もなく，それを食べる微生物もいなかったので，次第

に蓄積し，ホールデンの表現でいえば熱くて薄いスープになっていったと考えられます．

　このように，有機化合物の出現についてはかなりよく分っています．次はこれらの物質がつながりあって，特定のタンパク質なり核酸なりのポリマーが形成される段階です．これについては難しい点があります．タンパク質にしても核酸にしても，その重合反応では水の分子が取り除かれる必要があります．この現象は水中に溶けている物質ではたやすくは起りません．何らかの方法で物質が濃縮されることが必要になります．もっと難しいことに，この反応にはエネルギーの供給が必要です．現在の生物では重合は酵素によって行われ，エネルギーはATPによって供給されます（112ページ参照）．もっとも，原始の海には無機のリン酸（ATPからアデニンがとれたもの）はあったとしても不思議はないので，もしそうならそれらから重合のためのエネルギーが供給された可能性があります．

　反応物質が濃縮される過程について考えることもかなり容易です．潮だまりの水が蒸発することによっても，あるいは凍結によって純粋な氷ができると濃い溶液が残るという方法（ちょうどりんご酒を凍らせて氷を除くとアップルブランデーになるように）でも濃縮は起ります．しかし，有機化合物の濃縮のしくみの中で一番たしからしいのは鉱物の表面への吸着でしょう．たとえば粘土は分子の層の積み重なりになっていて，層と層のあいだには水とそれに溶けた物質が浸透できるので，有効表面積は膨大なものになりま

す．イスラエルのワイズマン研究所のアハロン・カチャルスキーは，粘土が，もしリン酸の形でのエネルギー供給があれば，アミノ酸が重合してタンパク質に似た構造をとるのを促進することを示しました．残っている主な難問として，アミノ酸や核酸が連結するとき，とり得る結合方式がいくつもあるという事実です．生物体のポリマーではただ1つの結合方式しかとられていないのに，原始の地球で起ったであろうできごとをまねた実験ではいくつもの異なる結合が生じてしまうのです．

原生命を実験室でつくる

今まで論じてきた問題は基本的には化学的なものです．次に実験室で原生命ともいえるものをシミュレートする試みに目を転じましょう．生きた細胞の持つ特性のいくつかを見事に再現した研究としてオパーリンの長い一連の実験が挙げられます．タンパク質，核酸，炭水化物などさまざまなポリマーを水に溶かすと，小さな滴をつくるようになります．オパーリンはこの小滴をコアセルヴェートと名づけました．この状態では，水よりも小滴中の物質の方によく溶ける物質は小滴の中に濃縮されます．1つの実験で，オパーリンはヒストン（タンパク質の一種）とアラビアゴム（炭水化物の一種）から作った小滴を調べました．ここに糖をつないでデンプンにする酵素（もちろん生物からとったもの）を加えたところ，この酵素はコアセルヴェートの小滴中に濃縮されました．それから適当な糖（ブドウ

糖）とリン酸（エネルギー供給のため）とが結合したものを加えると，この分子は小滴中に入り，結合しあってデンプンになったのです．デンプンは小滴中に留まり，離れたリン酸は外へ拡散しました．そして結果として，小滴は，成長し，2つに分裂したのです．別れたそれぞれの小滴は，酵素の分子を含んでいればまた成長を続けました．この増殖は最初に与えられた酵素が薄まってしまうまで続いたのです．

　オパーリンのコアセルヴェートは代謝を行い，成長し分裂します．しかしそれは，生物体によって合成された酵素が加えられたからです．それに，遺伝情報を複製するしくみに欠けていますし，したがって進化することもありません．マイアミ大学のシドニー・フォックスはこれと同じような実験をしました．その結果，アミノ酸の混合物を乾かして摂氏130度まで熱すると，急速にポリマーを形成することを発見し，これにプロテノイドと名前をつけました．プロテノイド中のアミノ酸どうしの結合は大部分は生体内のタンパク質のそれと同じでしたが，そうでない結合も混っています．彼は原始の地球ではこのような環境が火山によってもたらされたのではないかと主張しています．プロテノイドを水に入れると，膜に包まれた小さなミクロスフェアになり，成長して，そのうちもっと小さなスフェアを出芽します．フォックスは彼のミクロスフェアがかなり非特異的な酵素活性を示すことを見出しました．つまり，幅広い化学反応を触媒するのです．オパーリンと同様に，フ

ォックスも適当な環境の下で成長し分裂する物体を作り出したわけです．その物体の「代謝」はオパーリンのコアセルヴェートよりも特異性の低いものでしたが，そのかわりフォックスは生物からの酵素は加えていません．しかし，やはりフォックスのミクロスフェアも遺伝という特性を欠いていて，したがって自然淘汰によって進化することはないといえます．

実験室で遺伝と進化を模倣する

ここで話を変えて，まったく異なる種類の一連の実験について述べます．これらの実験は成長や代謝ではなく，遺伝と進化を模倣しようと試みたものです．ここでは，進化するものとはただの RNA 分子です．DNA でなく RNA が選ばれたのは，RNA が一本鎖で，しかもそれが自分自身で折りたたんでヘアピンとクローバーの葉のような構造をとるという理由からです（図 16 参照）．つまり，RNA の分子は「表現型」をもち，それが分子の安定性や複製されやすさに影響するのです．いいかえれば表現型がダーウィン適応度に影響するというわけです．問題は RNA 分子が増殖し進化するような環境の与え方です．環境として試験管に RNA を構成する 4 種類の塩基と，「レプリカーゼ」という酵素を入れたものを用意します．レプリカーゼは大腸菌に感染する，$Q\beta$ とよばれる RNA ウイルスからとられたものです．この酵素は鋳型になる RNA と必要なだけの塩基があると，鋳型と同じ塩基配列の新しい RNA を作る

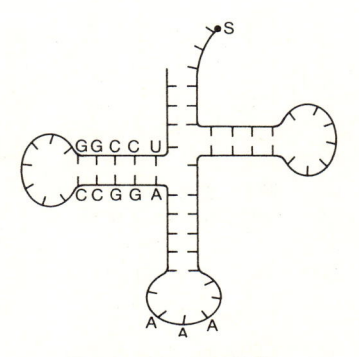

図16　tRNA分子の模式図

アンチコドン AAA が最下部に，アミノ酸と結合する部分 S が最上部にあります．塩基配列は分子が折れ曲った時に適切な対合になるようになっています．それが左方の腕で示してあり，その他の場所の塩基名は省略してあります．

はたらきがあります（もちろん，最初にまず相補的な配列の分子を作り，次にそれを鋳型にしてもとと同じ配列のものを作るのですが）．

　実験は次のように進められます（図17参照）．塩基と酵素の入った試験管に一種類の RNA 分子を少量加えます．数時間後，たくさんのコピーが合成されたころに一滴をとり出し，同じように塩基と酵素の入った次の試験管に加えます．ちょうどたねまきをするようなものです．これを多くの回数くり返し，そのたびに RNA の性質を調べます．このような実験を最初に行ったのはアメリカのソル・スピ

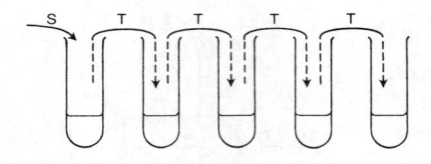

図17 RNA分子の進化
各試験管にはRNAを複製する酵素と4種の塩基が入っています．Sは最初の試験管にたねになるRNA分子を加えることを示し，Tは間をおいて溶液を1滴，次の試験管に移すことを表わします．

ーゲルマンでその後ゲッチンゲンのマンフレート・アイゲンによってさらに進められました．

実験の結果を示しますが，これは進化する分子集団での自然淘汰の過程なのだということを強調しておきます．すなわち，速く，そして効率的に複製されるような種類のRNA分子が他の種類のものにとって代るのです．まず，複製がいつも正確なわけではないので，実験中に新しい変異が生じます．時には分子のある部分が2回複製されたり，まったく複製されなかったりします．また1個の塩基が他の塩基に代ることも起きます．実際には，1個の塩基が加わるとき，正しい塩基でないものが入ってしまう確率は1万分の1で，これは「エラー率」とも呼ばれます．

初期の実験でスピーゲルマンは，たとえかなり長いRNA分子からスタートしても，最後に勝つ分子は220ほどの塩基からなる分子であることを発見しました．これは別に不思議なことではありません．自分を複製することだ

けが目的なら，短い方が得です．もっと短い分子が勝たないのはなぜかというと，あまり短いと酵素の反応する対象になりにくくなるからなのです．もっと驚くべきことに，他の研究室で同じ実験をしたら，勝った分子はスピーゲルマンの分子とまったく同一か，そうでなくても極めてよく似ていたのです．どうやら，試験管というきわめて単純な環境では，最良の分子としてはただ1種しかないらしいのです．複雑で変化に富む生物が進化するには，おそらく変化に富む環境が必要でしょう．しかし試験管でもその環境を変えれば，別の塩基配列の分子が勝ちます．たとえばRNAのある部分に結合して酵素のじゃまをし，複製を妨げるような薬品を加えれば，その薬品との結合部位を持たない分子が進化してきます．

　これらの実験で分子間にも自然淘汰が起ること，そしてその過程は再現可能であることが分りました．しかし，複製には酵素の存在が必要だという点で，原始のスープで起ったことのモデルとしては適切ではありません．この酵素はそれによって複製されるRNAよりも，それを作るのに必要な情報量で考えてもはるかに複雑だからです．しかし，そうではあっても，複製する核酸分子は増殖，変異および遺伝という性質を備えた最初のものという意味では最初の生命体といってよいかもしれません．それが本当であるためには，情報を担った酵素，すなわち遺伝子によって決定される酵素の助けなしに核酸の複製が起らなければなりません．Qβウイルスのレプリカーゼが原始の海に存在

したなどと考えるのは理屈に合わないのです．もっとも，もっと特異性の低い触媒活性をもったフォックスのプロテノイドのような物質ならあった可能性はありますが．

核酸の複製に酵素は必要なかったか？

では酵素なしで核酸が複製できるでしょうか．カリフォルニアで研究している英国人レスリー・オーゲルはそれが可能であると主張しています．RNAはG，C，A，Uの4種の塩基を含み，複製のときGはC，AはUと対になることを思い出して下さい．オーゲルはAとGのモノマーを溶かした溶液にCだけを塩基として含むRNA分子を加えました．その結果最高40塩基からなる相補的な鎖ができました．それは大部分Gからできていましたが，正しい対合の場合のように全部Gにはなりませんでした．この結果を得るのに酵素を加える必要はありませんでしたが，無機の触媒として亜鉛が必要でした．

こうなってくると，RNAの複製での酵素の重要性はどうなるのでしょうか．109ページの図8のところで，酵素が活性化エネルギーを低くすることによって反応を速めることを述べました．生命の起源の初期の段階では，複製の速度は重要ではなかったと思います．なにしろ競争がないのですから時間はたっぷりとあったはずです．それより大切だったのは複製の「精度」です．つまりGがCと，そしてAがUとまちがいなく対合することです．正しい対合の活性化エネルギーを低め，正しくない対合のそれを高

めることができれば，酵素は精度を上げる役を果たすことになります．前の方でRNAがQβレプリカーゼで複製されるときのエラー率は約1万分の1だといいました．酵素なしでの反応，たとえばオーゲルの実験などではエラー率はだいたい10分の1，少なくとも100分の1以上であることは確実です．

　このことがなぜ問題なのでしょうか．それはどんな生物においても，それが持つことのできる遺伝情報の量は，その情報の複製の精度によって決まるからなのです．たとえば，話を単純にするために無性生殖をするある生物の集団があり，そこでは各個体が一生の間に10個体の子どもを作るとします．この集団が遺伝的に悪化することなく保たれるためには，10個体の子の内1個体は親と同じ遺伝情報を受け継がなければなりません．残りの9個体には生き残るのに不利な突然変異があって，その結果自然淘汰によってふるい落されてもかまいません．しかし，全個体が突然変異を起したとしたら，この遺伝情報は次第に消滅へ向うことでしょう．数字で例を示しましょう．この生物が1万個の塩基からできた1つのゲノムを持っていて，複製のときのエラー率が1000分の1だとします．1個の塩基が正しく複製される確率は999/1000になります．そして1万個の塩基が全部正しく複製される確率は $(999/1000)^{10000}$ で，これは約1/22000です．10個体しか子を作れないとしたら，親と完全に同じゲノムを持つ子ができる確率はきわめて小さくなってしまいます．大ざっぱにいっ

て，1万個の塩基のゲノムを持つ生物の集団が生き残っていくためには，エラー率は1万分の1以上であってはならないのです．

$Q\beta$ウイルスの大きさは4500塩基です．これは1万分の1のエラー率でやっていける最大限のサイズに近いといえます．生命の起源の問題からは離れますが，私たち人間のような複雑な生命がどうやってうまくゲノムを複製しているか興味のあるところです．実は私たちは「校正」に相当するしくみを持っているのです．私たちのからだの複製酵素は$Q\beta$のレプリカーゼと同様1万分の1のエラー率で塩基をくっつけますが，そのあと点検をしてまちがっていたら入れかえます．入れかえの時のエラー率も1万分の1なので，全体では$1/10^8$になります．

ここまできて生命の起源の問題は行きづまってしまいました．最初にできた複製する分子は酵素の助けなしにそれをしなければならず，そうなると100分の1以上のエラー率を覚悟しなければなりません．そうなるとその大きさは100塩基以下に制限されてしまいます．この事態を改善するには，その分子がレプリカーゼをつくる情報と，原始的であれタンパク合成のしくみを持つ必要があります．しかし100塩基ほどしかない分子ではこんな仕事はできません．つまり，ゲノムのサイズを大きくしなければ酵素をつくることができず，酵素がつくれなければゲノムを大きくすることができないのです．

ハイパーサイクルの進化

　この行きづまりから脱出する可能性を示したのはマンフレート・アイゲンとペーター・シュスターでした．いま，**GOD SAVE THE QUEEN** というメッセージを複製したいとします．そして10個コピーを作っていちばんよいものを選べるとします．1文字当りのエラー率を5分の1とすると28のコピーを作ってそのうち1つがやっと正しいことになるわけで（訳注　$(4/5)^{15} ≒ 1/28$），これは十分とはいえません．どうしたらよいでしょう．1つの方法として，各単語ごとに複製と選択をすることが考えられます．つまり，QUEEN という語を10回複製して最上のコピーを選ぶのです．エラー率が5分の1なら，少なくとも1つは正しいコピーを得られると考えてよいでしょう（訳注　$(4/5)^5 ≒ 3/10$）．これならうまくいきそうですが，障害が1つあります．分子のレベルで見ると，完全な情報を，いくつかに区分けするとゲノムはよけい複雑になりますし，自然淘汰が各区分けに独立に作用することにもなります．これが障害です．区分けの1つが他の区分けを競争によって追い払ってしまうのをどう妨げるかが問題になります．先に挙げた4つの単語がそれぞれ別の分子で，同じ塩基をうばい合っているとしましょう．もしそのうちの1つが他より速く複製するとしたら，その分子が時間がたつにつれてほかの分子と入れ代ってしまい，メッセージはただ1つ，たとえば GOD だけになってしまうでしょう．

　アイゲンとシュスターが示した解答を図18に示します．

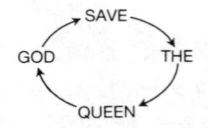

図18 ハイパーサイクル
各語は分子を表わします。各分子の複製の速度はすぐ前の分子の濃度に依存します。たとえば、QUEEN の複製の速度は、THE の濃度が上るにつれて速まります。

4つの単語、すなわちそれによって表わされる分子は「ハイパーサイクル」の形で配列していて、各分子の複製の速さは1つ手前の分子の濃度によって決まります。つまり、SAVE の合成速度は GOD の濃度に比例し、同様に THE は SAVE の、QUEEN は THE の、そして GOD は QUEEN の濃度に比例した速度で合成されるのです。たとえば、各分子がサイクルの次の分子の合成のための鋳型にでもなるようなら（ちょうど mRNA が対応するタンパク質の合成を促進するように、40ページ参照）、このような関係が成立します。数理的には、もしこのような関係が存在すれば、サイクル全体が安定であることが示せます。なぜなら直感的にみても、ある分子の濃度が他より高くなったとしたら、その結果自分よりもほかの分子の合成を促進することになるので、バランスが取り戻されるからです。

このようなハイパーサイクルがあれば、情報を一括して複製するよりも多量に複製し選択的に維持することができます。ハイパーサイクルに自然淘汰がどのように働くかについてはもう少し慎重に考える必要があります。いま、SAVE を SAME またはその他に変える突然変異があったとします。メッセージを元のままにするには、SAVE が

SAME などの変異より効率よく複製される必要があります．もしそうなら，そして他の語についても同じことがいえるなら淘汰はこのサイクルを維持するでしょう．では，ハイパーサイクルは進化できるでしょうか．生物学的な現実では，重要なことはただ1つ，メッセージは複製されなければならないということだけです．そのことだけに意味があるのです．もし GOD SAME THE QUEEN の方が，元のメッセージよりも速く複製されるとしたら，それが大勢を占めるようになるでしょうし，そのことが進化の過程を示していることになります．次に3つの起りそうな突然変異について考えてみましょう．

第1型　SAME の方が SAVE より速く複製され，THE の複製を SAME は SAVE より促進する．

第2型　SAFE は THE の複製を SAVE より促進するが，自身の複製は SAVE より速くはない．

第3型　SALE は SAVE より複製が速いが，THE の複製については SAVE に比べて促進しない．

これらの3型のうち，第1型は自然淘汰によって組みこまれ，全サイクルの効率を上げるでしょう．第2型は組みこまれればサイクルを改善するでしょうが組みこまれることはないでしょう．最後に，第3型は組みこまれ，それによってハイパーサイクルの統一性をこわしてしまうでしょう．もし自然淘汰がハイパーサイクルの統一性をよりよいものにし，より複雑なものにするように働くとしたら，第1型と第2型が有利になり第3型が排除されるようになら

なければなりません.

どうしたらそれができるかをお話しする前に，横道にそれて分子のハイパーサイクルと生態系（自然界で動植物が互いに作用を及ぼし合っている集団）とを比較してみたいと思います．実は，分子のハイパーサイクルは生態系であり，生態系はハイパーサイクルであるという考え方があります．たとえば樹木とミミズとは2単位のハイパーサイクルを形成します．樹木は葉を落とすことによってミミズの増殖を促進し，ミミズは落葉を食べ硝酸塩を排泄することによって樹木の成長を促進します．第2型の突然変異は，樹木でいうならミミズがより食べやすい葉を落とすような形質にあてはまります．このような変異は樹木の集団内で増えていくでしょうか．増えるためにはミミズが余分に作った生産物が他の樹木よりもその突然変異体を有利にしなければなりません．この例では，木は自分の近くに葉を落としますし，ミミズはあちこち飛び回ることはしないので，たしかにそうなりそうです．これとは反対に第2型の突然変異がミミズの方に現われて，他のミミズより樹木の成長を促進したとしても，この突然変異は広がらないでしょう．というのは，それによって木の成長が促進されたとしてもそれから落ちた葉は突然変異体のミミズとその子孫だけでなく，他の多くのミミズをも助けてしまうからです．生態学者が生体の各部分が互いに支え合っている現象と生態系との間の類似性を論じることをあまりしたがらない理由はこのようなことにあるのです．生態系の中では生

物は互いに利用し合うことはしても,必ずしも互いに助け合ってはいないのです.

生態学的なたとえから,相互扶助的な関係は関係し合う生物があまり動き回らない場合にだけ進化し得ると考えられます.なぜならそのようなときだけ第2型の突然変異が自然淘汰によって有利になるからです.これは原始の地球上で,より安定なハイパーサイクルが進化するための状況を考える手がかりになります.いま,反応し合う分子がコアセルヴェートのような小滴の中にとじこめられているとします.そしてこの小滴の成長と分裂はサイクルのいろいろな分子の合成に依存しているとします.これは決して無理な考えではありません.オパーリンの実験でも,特定の種類の分子がしぜんに小滴の中に集まり,分裂は合成,たとえばでんぷんの合成によって促進されたのですから.次の段階としては第2型の突然変異を生じた小滴の成長が速く,第3型のそれは成長が遅いという現象が生じ得るでしょう.分子が袋(原始の細胞)の中にとじこめられていますから,自然淘汰が個々の分子に作用するだけでなく,全構造に作用するということが保証されるのです.

これまでの議論をまとめる必要があります.有機化合物やポリマーの起源という,純化学的な問題は1950年代のミラーの実験以降着実に解決への道を歩んでいます.遺伝的な複製の方ははるかに難問です.酵素なしでの核酸の複製は,起ることは起りますが精度は低いのです.ここに基本的な難問が生じます.それは,高いエラー率の下では多

分 100 塩基以下のきわめて短い分子しか自然淘汰の下では維持されないでしょう。それなのに，複製の精度を上げることのできる酵素をつくるためにはずっと長い分子が必要なのです。この困難をのりきる1つの道は，複製能力をもついくつかの分子がハイパーサイクルを構成することです。このようなハイパーサイクルは袋のようなものにとじこめられることによってだけ，進化できるのです。オパーリンやフォックスの実験でそのような構造（コアセルヴェートとミクロスフェア）が存在し得ただろうこと，その中に反応性を持つ分子を濃縮したであろうこと，そしてその成長と分裂は内部のハイパーサイクルの合成活性によって促進されたであろうことが示されました。もしそうなら自然淘汰によってより複雑なものが生じることが可能です。

タンパク質と核酸との関係の起源

もっと大きな，そして最も重要な難問が1つ残っています。それはタンパク質と核酸の関係です。核酸は複製はできますが酵素活性はまったくありません。化学的には何も重要なことはできないのです。タンパク質はすばらしい触媒ですが複製できません。生命はこの2つを結び合わせることによって成り立っているのです。現在この2つの結合は遺伝暗号と，その指令にもとづくタンパク合成過程によって成立しています。この過程でアミノ酸が核酸と関係する基本的な段階は，特定のアミノ酸が特定の tRNA に結合するときに起きます。この結合の特異性は，酵素によって

達成されます．このようなしくみが初めに存在したはずはありません．アミノ酸と核酸の最初の結合は酵素なしで起ったはずです．今のところ，これがどうして起り得たかはあまりよく分っていません．実はアミノ酸と核酸の相互作用の化学についてはわずかしか分っていないのです．結合が生じ得ることは分っています（たとえばタンパク質である「リプレッサー」は DNA の特定の塩基配列に結合します——119 ページ参照）が，それ以上のことは分りません．

現状では，原始的なしくみは図 19 のようなものではなかったかと想像するのがせいぜいです．この図はタンパク合成を説明した 39 ページの図 4 に似ていますが，この原始的なシステムは以下の点で異なります．

（1）mRNA の分子は複製する分子でもあります．つまり遺伝子でもあるのです．

（2）いろいろなものを決まった位置に固定するリボソームがありません．

（3）アミノ酸を tRNA に結びつける酵素がありません．

（4）tRNA 分子およびアミノ酸の種類は現在よりずっと少ないことにしてあります．

遺伝暗号の起源

それでは最後の問題である遺伝暗号の起源に話を移しましょう．遺伝暗号の特徴である 3 つ組の暗号は，最初から存在したにちがいありません．このように断言する理由は，このような特徴はいったん獲得されたら変更不能であ

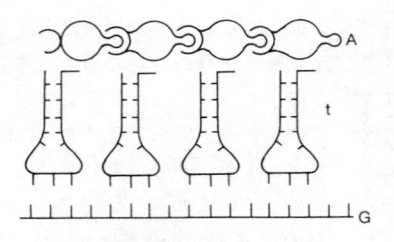

図 19　原始的なタンパク合成
Gは原始的遺伝子で多分RNA．tはtRNA．AはtRNAに結合したアミノ酸．

ることによります．それに，42ページでもお話ししたように，いったん3つ組，すなわちコドンが意味を持つようになったら（ということは対応するアンチコドンを持ち，特定のアミノ酸と結合するtRNAがいったん進化したら，ということです），その意味が変ることはないでしょう．もっとも意味がだんだん限定されて行くことはあり得ます（たとえば3つ組が最初はいくつかの類似したアミノ酸のどれにもあてはまる暗号だったのが，後になってただ1種類のアミノ酸の暗号になるように）．現在の生物のどれをとっても共通の暗号が使われているという事実によってもこのことは確かめられます．

　もっと正確な推測も可能です．最初の遺伝子はおそらくGとCに富んでいて，AとUはあまり含んでいなかったと思われます．なぜならすでにお話ししたように，酵素によらない複製では，G-C対合の方が精度が高いからで

す．また，メッセージがどのように読みとられるかを考えることによって，第2の問題点が浮び上ります．図19を見て頂くと，どのように読み出しを決めるかによって3通りの読み方があることが分ると思います（最初と最後に読まれない塩基が残ってもよいとすればそうなります）．このうち1種類の読み方によって作られたタンパク質が自然淘汰によって有利になるとすれば，残りの2通りの読み方は役に立たないタンパク質をつくることになるでしょう．現在の生物では正しい読み方は次のようにして行なわれています．塩基の特定の配列によって決定された特定の地点から読みが始まりそこから3塩基ずつが順に読まれて行きます．そうなっていることは，もしも突然変異で余分な塩基が1個挿入されると，そこから先は1つずつずれた3つ組が読まれるため違うアミノ酸の並んだタンパク質になってしまうことから分ります．

このように3塩基ずつ順に読むやり方は現在ではうまくいっていますが，最初からそうであったとは思えません．むしろ，tRNA分子はばらばらにやって来て，メッセージのどの部分であれ，結合できる所に結合してしまっただろうと考える方がよいでしょう．もしそうであったとしても，正しい読み方をすることは可能です．64通りの3つ組のうち，いくつかのものについてだけ対応するアンチコドンを持ったtRNAがあったとします．そうだとしたら，それら意味のある3つ組がたとえどのような順番で並んでいてもそれを正しく選び，意味のない部分だけが読まれな

いで残るようにする方法はあります．解りやすくするために例を挙げましょう．いま，GGC，GCC，GACおよびGUCだけが意味のある3つ組だとします．そのような状況では遺伝子は，たとえば

GGCGACGACGCCGCCGGC

のようなものになるでしょう．最初の方に読みの枠組みから外れた意味のない3つ組としてGCGとCGAがまず存在します．他の部分でも，枠から外れた3つ組はみな無意味です．したがって，この4種のコドンに対応するアンチコドンを持つtRNAしか存在しなかったとしたら，メッセージの読み方は1通りしかありません．tRNAはばらばらにやって来てもかまいませんし，端から順に3つずつ読む必要もありません．

上の4種の3つ組が使われたとしたら，酵素なしでの複製に都合のよいGとCに富んだ遺伝子ができます．最初にできた3つ組がGGCとGCCで，その次にGACとGUCができたと考えられる理論的な根拠もあります[2]．また，同じ結論に結びつく別の証拠もあります．ミラーが行ったような実験で，最も多量に作られるアミノ酸はグリシンとアラニンですが，これらはそれぞれGGCとGCCという暗号に対応しています．その次によくみられるアミノ酸はアスパラギン酸とバリンで，それぞれGACとGUCに対応します．これは偶然とは思えません．もちろんこれだけのことから初期の暗号解読のしくみを化学的に説明することはできませんが，読みまちがいのありえないG－C

に富む暗号というアイデアは正しいのではないかと思われます．

　この本を暗号の話でしめくくるのは当を得ています．私は生命を2つの見方，すなわち散逸構造として，また遺伝の情報を伝達できるものとして見ることをすすめるところから出発しました．タンパク質とそれによって触媒される化学反応は散逸構造の維持に必要なエネルギーの流れをひき起します．核酸での正確な塩基対合は遺伝の基本です．生命の2つの側面は遺伝暗号によって1つにつながっているのです．

注

2章　遺　伝
(1) 最近歴史学者のR.C.オルビーは，メンデルは私がここに書いたほどには自分の因子，すなわち遺伝子の性質について明確な考えは持っていなかったと述べています．それが正しい見方かもしれませんが，私はメンデルにひいきして解釈したいと思います．
(2) この意味では生物学は歴史に似ています．歴史の中では偶然の出来事が決定的な影響をもたらします．「蹄鉄一つのせいで馬を失う」などのようにです．しかし生物学では普遍的な法則がずっとたやすく見つかります．分子生物学の中心教理や，6章で述べる酵素の作用を支配する法則のように重要な，そして真理に近い原則が歴史学にも存在するかどうかは疑問です．

3章　性，組換え，生命のレベル
(1) 実は「ジャンプする遺伝子」は30年以上も前にバーバラ・マクリントックによってトウモロコシで発見されましたが，彼女の発見の重要性は，近年になって同様の因子が原核生物で発見されるまでは，あまり評価されな

かったのです．
(2) この考えは正しくないかもしれません．ある真核生物から他のあまり類縁のない真核生物に遺伝子が移ったと考えられる例がいくつかあります．最も驚くべき例は，マメ科の植物に私たちの血液中で酸素と結合するタンパク質であるヘモグロビンと非常によく似たタンパク質を指定する遺伝子が存在することです．しかし，このように離れたものどうしでの遺伝子の移動はきわめてまれであるということを考えれば，私がハツカネズミと細菌とをこのように区別することは許されるでしょう．
(3) 細菌の遺伝子をサッカーチームの選手にたとえるのはほどほどにしなければいけません．細菌の遺伝子の大部分は多分その種にずっと存在しているものですから，たとえるとしたら少数の一時的な移籍者をメンバーに含むホームチームとでもいった方がよいでしょう．
(4) この段落はいくつかの重要な考え方を含んでいます．第1に，違った種類の配偶子，すなわち卵と精子，を作る個体という意味での2つの性がいつも存在していたわけではないということ．第2に，最初の性は小さくて運動性のある配偶子を作る雄であったということ，そして第3に性の分化の起源，すなわち雌の起源については数理的な理論ができ上っているということです．まだ残っている問題があります．なぜ2つしか性がないのでしょうか．3つの性がある場合を考えてみましょう．これにも2通り考えられます．まず3つの性が共同で子を作

り，子は3個体の親から遺伝子を受け継ぐやり方です．これは各個体が3倍体（3組の染色体を持つ）であることを意味します．そうなると，配偶子を作るときには各配偶子は各種類の染色体を正確に1本ずつ受け取らねばなりませんが，そのようなしくみが進化し得るとは考えられません．それにそんなことをしてもどんな利益があるか疑問です．代りのやり方としてはA，B，Cの3つの性のうち2つの組合せで子を作るというものです．しかし3つの性が分化したら，必然的に3つの組合せのうちのどれか1つが他の2つより効率的になり，その結果第3の性は滅んでしまうでしょう．もちろん，3つの異なる個体という意味で3つの「性」があって，どれも子を作ることに貢献するけれども，遺伝子はそのうちの2つの性からだけ子に授けられるという方式もあり得ます．これは社会性昆虫（女王，雄，およびワーカーがいる）に特徴的にみられるシステムです．

4章　自然のパターン

(1) もし2種の生息範囲が重複していてまれに交雑が起ったとしても（たとえばプリムローズとキバナノクリンザクラ，シラタマソウとハマベマンテマ，オビイモリとマーブルイモリでは起ることがあります），遺伝子が少し交換されるだけのことです．しかし植物では，そしてもっとまれには動物でも，交雑に伴って染色体数が倍化することがあります．この場合にはどちらの親とも生殖的

に隔離された新しい種が即座に誕生することになります．
(2) 2つの集団からの個体どうしを運んで来て飼育し，交尾するかどうかを見るという単純な方法では解決しないことに注意して下さい．たとえ交尾しても同種であるという証明にはなりません．なぜならカモ類でもみられるように，自然界では同じ場所でも別々に繁殖している種が，飼育下では交雑することがあるのですから．
(3) 脊椎動物が2対の脚で体を支えるのに昆虫は3対もあるというのはおもしろいことです．この理由は，昆虫は3対よりずっと多い脚を持ったムカデのような祖先の子孫だからなのです．脚の数は6本まで減少しましたが，この6本というのは半数の脚を上げても転ばない最小の数です．

5章　進化生物学の諸問題

(1) 小集団での偶然の出来事が進化にとって重要であることを提唱した主要な人物は，セウォール・ライトです．彼は集団遺伝学の基礎を築いた三巨頭（他はR.A.フィッシャーとJ.B.S.ホールデン）の一人です．フィッシャーとホールデンは英国人ですが，ライトはアメリカ人であるという偶然によってアメリカの進化生物学者は偶然の出来事を強調する傾向があります．でもわれわれ英国人の方がもう少し分別があります．
(2) 細菌のプラスミド（62ページ参照）には，2つの遺伝

子を運ぶものがあります．そのうち1つは大ていいつも活性を持っていて細菌を特定の毒物（コリシンとよばれる）から守るタンパク質を合成します．もう1つの遺伝子は培養している細菌が過密になった時だけ活性化し，コリシンを合成します．この物質はその細菌の細胞とそれに含まれるプラスミドを殺します．つまりプラスミドが自殺をしてしまうわけです．しかし，この細胞が死ぬとコリシンが培養液中に広がり，防御物質を持たない細胞，すなわちプラスミドを含まない細胞を殺します．このようにしてプラスミドは自殺することによって自分と遺伝的に同一の他のプラスミドの生存を保証するのです．

7章　行　動

(1) この結論は決して明白ではありません．そうなるかどうかは明るい光の下での方向転換率の上昇だけでなく，動物が光に「順応」するという事実によっても決定されるからです．しかしここではこの結論は正しいのです．

(2) ミツバチはえさのある場所の方角と距離を鉛直面でダンスをすることによってなかまに伝えます．ダンスの方向と鉛直方向との間の角度が太陽の方角とえさ場の方角との角度に等しくなるようにダンスし，なかまはそれを正しく解釈します．

(3) もっと難しい問題は，ニューロンでできた脳だけが感

情を持てるのか，それとも同じ働きをする構造なら，ニューロン，トランジスター，あるいは火星人の脳の材料（何だか分りませんが）でできている脳でも感情を持つかという問題です．もし意識というものが，特定の組立てられ方をしたものの性質だとしたら，脳と機能的に同じ構造をしたものならどんなものにも意識があるといわなければならないでしょう．

(4) この実験はR.J.G.モリスによって行われました．ここで私が紹介した解釈は彼の解釈です．しかしもっとよく考えると果してこれが正しいかどうか私は自信がありません．なぜならラットが従っているかもしれないもっと簡単なルールがあり得るからです．たとえば水槽の外側上方にA，Bという2つのものが見えているとします（もしそのようなものがないとしたら，認知地図を持とうと持つまいとこの問題は解けません）．ラットが台にたどり着いたとき，そこから対象Aへの傾角αと対象Bへの傾角βを記憶することができます．そして後でまた水中に放されたときは，次のルールに従えばいいのです．もしAの傾角がαより小さければAの方へ向って泳ぎ，大きければ遠ざかる．Bの傾角がβより小さければBの方へ泳ぎ，大きければ遠ざかる．この2つを組み合せ，角度のずれがより大きい対象の方により注意を集中する．これによってラットは台にたどりつけるでしょう．もちろんこれでラットが認知地図を使っていないことを証明したことになりませんが，決定的な実験を考案

することがどんなに難しいかということは示されました．動物の認知地図の存在を証明するには直接の生理学的証拠が必要です．この種の証拠は実際に得られつつあります．

(5) 次の詩を思い出して下さい．

　　　ムカデが陽気に歩いてた
　　　そこへカエルが来て聞いた
　　　「もしもし私のえささんよ
　　　たくさんついてるその足は
　　　どういう順で動くんだい？」
　　　とたんにムカデは迷いだし
　　　どうして逃げたらよいのかと
　　　考えあぐねて立ち往生

8章　脳と知覚

(1) 網膜に映った特定の特徴，たとえばある角度の線に反応する単一の細胞が大脳皮質にあるという事実から考えて，もっと複雑なパターンに反応する細胞もあるのではないかということが考えられます．有名な例として「おばあさん検出細胞」という想像上の細胞があり，この細胞はあなたのおばあさんを見たり，声を聞いたり，関係のあることを聞かされたとき興奮するというのです．もしそんな細胞が実在するとしたら，当然その細胞はたくさんの入力を受けているはずですから，第17野にあるとは考えられません．この考えはとっぴなものに思える

かもしれませんが，私はこれが基本的には正しいということがそのうち証明されると思います．コンピュータ処理はどんな場合でも符号による表現に依存しています．コンピュータのプログラムを作るときにまずしなければならないのは，いくつかの符号を選んで，それらが何を意味するかを決定することです．もし思考がコンピュータ処理にそっくりなものだとしたら，思考も私たちが考える対象を意味する符号によって動いていることになります．そして符号の意味は，活性化を促すような経験（たとえばおばあさんの顔や声），またその符号がひき出すことのできる動作（たとえば「おばあさん」と呼ぶ）などによってはっきりと決まるのです．だからといって符号が生理学的に単一の細胞または細胞集団によって特徴づけられるという結論には結びつきませんが，そのような方法で行われることはたしかだと思います．

(2) ランダムな出来事への拒絶反応は，科学の歴史においても重要です．惑星の運動がランダムであることへの拒絶が現代科学の誕生に決定的影響を与えました．しかし，マックスウェル＝ボルツマンの統計力学やダーウィンの進化論のように，物事によってはランダムであるとして扱う気構えも必要なのです．不幸なことに，科学者にとって，どのデータを意味あるものとして，またどのデータをノイズとして扱うべきかの規範はありません．

9章 発　生

(1) 私の同僚であるヘレン・スパーウェイはショウジョウバエで「孫なし」という奇妙な遺伝子突然変異を発見しました．この遺伝子を持つ雌は一見正常な子を生みますが，その子には卵巣も精巣も欠けているため，生殖できないのです．後で分ったことですが，最初の「孫なし」雌が生む卵には極細胞質があるのですが，この卵では核が極細胞質に入って行くのが遅れるため，始原生殖細胞ができないのです．

10章　生命の起源

(1) 酸素ガスの源としてもう1つの可能性があります．大気圏の上層では水の分子が放射線によって分裂し，軽い水素分子は宇宙へ逃げ，酸素分子が残ります．

(2) ここで提唱したGNCというコドン（Nは4塩基のどれでもよい）だけでできた暗号にはもう1つ利点があります．それはこれらのコドンでつくられたメッセージをもとにしてできる相補的な塩基配列もまたGNCのコドンだけでできていることです．このことを理解するには，RNA（およびDNA）について，私がこれまでお話しなかった事実を知ってもらう必要があります．RNA分子には「極性」があります．それはちょうどポペット型のネックレスで，一方を向いて玉があり，それと反対を向いて玉のはまりこむカップがついているという極性があるのと似ています．複製が起ると，新しいRNAの鎖は元

の鎖とは逆の極性を持ちます．したがって，極性からみれば，たとえばGUCの相補コドンは，あなたはもしかしたらCAGだと考えるかもしれませんが，そうではなくGACになるのです．

訳者あとがき

　近年の生物学およびその周辺領域の研究は目まぐるしいほどの速さで発展を続けていて，最新の知識をまんべんなく身につけておくことは専門家にとっても不可能になってきています．しかし，そのような状況であればあるほど，生物あるいは生命現象を理解するにはどのような基本的見地に立つべきかを専門家以外の人びとに示すことがなおさら重要になるのですが，それを簡潔に分りやすく説明するのは至難の業です．ジョン・メイナード＝スミスはこの仕事に敢然と挑戦し，自らの生命観を鮮明に盛り込みながら見事に一冊の本にまとめました．

　メイナード＝スミスは1920年ロンドンに生れ，パブリック・スクールの名門イートン校に入りました．数学の厳しい教育を受け，才能を発揮しましたが，科学に関しては授業がなく，彼の科学に関する知識は完備された図書館での独学であったということです．本書の序文でも述べられているように，理解しようと努める者に対しては，どんなことでも説明可能であるという彼の信念はここで培われたようです．生物学に大きな興味を持ちながらも，大学（ケンブリッジ）では工学を学び，航空機設計会社に勤めまし

たが，決意してロンドン大学へ入り直し，動物学を専攻，J. B. S. ホールデンから進化について学んだことがその後の彼の方向を決定しました．同大学の講師になり，老化，性，行動など，自然淘汰に基づく進化という概念にあてはめにくい問題を精力的に研究し，ショウジョウバエの実験的研究なども手がけましたが，新設されたサセックス大学の学部長になってからはもっぱら理論的研究を行うようになり，数理の才能を発揮して，「血縁淘汰」や「ESS（進化的に安定な戦略）」の概念を確立しました．ホールデンその他の先達の業績を基礎としているとはいえ，現在の進化生態学の潮流を作り上げた人の一人として，その独創性は高く評価されています．

　本書でも彼のこのような姿勢は明らかで，彼がこれまでに手がけた主題が数多く登場します．しかし，それに偏することなく，現代生物学のさまざまな分野ですでに分っていること，そしてまだ分っていないことをできるだけ平易に（時には大胆に省略した形で）述べ，分っていないことを分るための取り組み方についても論じています．もちろん，彼の興味の中心である進化が本書全体を通じて主題として流れていますが，生物学を大きな目でとらえようとすれば，どんな書き方をしても進化がその底流になることは当然といえます．ただ，それをどのような形で表わすかに著者の生命観が反映していなければ，ただの教科書になってしまうでしょう．

　本書をお読みになればお分りのように，至る所に散りば

められている彼の工学的発想，数理的なものの見方（彼にとっては苦しかったに違いありませんが，数式などは極力省いて述べています）には，これまでの入門書にはない斬新さを感じられることと思います．部分によっては，こんな大胆な言い切り方をしてもよいのかと思われる箇所もあるかもしれません．しかし，生物学に対する読者の興味をかき立て，生命現象をどのようにとらえるべきかを考えさせるには好適な，そして刺激的な書物であると思います．なお，著者の意を帯し，余計な訳注を加えることは極力避けました．それによって，またそれに加えて私の翻訳のまずさのせいで分り難い所もあるかもしれません．いろいろ御指摘頂ければ幸いです．

　本書の翻訳を提案され，終始お世話下さった紀伊國屋書店の水野寛氏に深く感謝します．

1990 年 3 月

木 村 武 二

文庫版訳者あとがき

　J. メイナード゠スミスが本書を著わしたのは 1986 年（和訳は 1990 年）のことです．自然科学，特に生物学の研究が年々急速に発展しつつあることを考えれば，30 年も前に世に出た関連書物の大半は，大幅に改訂されるか，さもなければ絶版となるのが運命でしょう．にもかかわらず，本書を元のままで再販することを筑摩書房が希望し，訳者であった私がそれを了承したのは，この本が未だに大きな魅力を持ち続けているという点で意見が一致したからです．生命現象に関する著者の数理的，工学的発想は，今でも新鮮なものの見方を与えてくれると思うのです．

　この本で彼は，当時の最新知見を踏まえたうえで，どのような点が未解決であり，それらについてどのようにアプローチすべきかを，増殖・変異・遺伝という，生物の基本的特徴と，それに必然的に付随する進化という現象を根底に据えながら論じています．ダーウィンの進化論についての説明で著者が述べているように（19 ページ），「論理的必然性だけを追求するのではなく，この世界について何かを語らねばならない」という信念でこの本を世に問うたのだと思います．

当時に比べて，多くの新しい研究成果が加わったのは事実ですが，それによってこの本の価値はどれほど低下したでしょうか．たとえば，7章で扱われている「認知地図」については，現在ではネズミの脳内に，特定の場所に行くと興奮する「場所細胞」や平面上の自分の位置に反応する「グリッド細胞」があることが実証され，著者が推定した形での認知地図の生理学的基礎が明らかになってきましたが，それが行動にどう結び付くかはこれからの問題です．もう1つ挙げるなら，10章の生命の起源について著者を悩ませた「遺伝情報の複製には酵素が必要で，酵素の生成には遺伝情報が必要」というジレンマに関しては，その後酵素作用を持つRNAがあるという発見により，原始の地球ではRNAが中心の生命界「RNAワールド」が存在したという仮説が脚光を浴びています．しかしこれもRNAによる触媒作用が限られたものであるなど，問題は数多く残されていて，著者の示した別の可能性が否定されるには至っていないと私は思います．このことからも分かるように，著者は30年後の現在でもなお残されている難問中の難問に挑んでいるのです．

　ですから，余計な訳注などは加えず，あえて元のままにしました．基本的な著者の姿勢はそのまま通用すると考えたからです．その意味で本書は最新知識を網羅した教科書としてではなく，生物学がどのような学問であるかを説く入門書であると同時に，生命現象に関するメイナード＝スミスの哲学を紹介する古典として受け取っていただければ

と願っています.

　メイナード＝スミスは数々の賞を受け，2001年にはゲーム理論を駆使した「進化的に安定な戦略」の概念を確立した功績によって「京都賞」を受賞しましたが，2004年，84歳で亡くなりました．存命なら，どのような新たな意見を加えてもらえるだろうかと考えると残念でなりません．

　この文庫版の刊行に関しては，筑摩書房の海老原勇さんに大変お世話になりました．御礼申し上げます．

2015年11月18日

木　村　武　二

索　引

あ行

アイゲン（M. Eigen）　202, 207
アミノ酸　33, 37-45
アミノ酸の結合エネルギー　108-12
アメフラシ　156-9
RNA　40-2
　　試験管内での——進化　200-3
　　転移 RNA　40-2, 212-6
　　伝令 RNA　40, 42, 213
アンチコドン　40-2
意識　141-4
1倍体　67-8
遺伝
　　——と進化との関係　18-23
　　——のしくみ　26-52
遺伝暗号　37, 41-4
　　——の起源　213-7, 226-7
遺伝子
　　染色体の成分としての——　31-2
　　DNA 分子としての——　40
　　——の調節　119-20
　　発生と——　177-81
　　メンデル因子としての——　30
遺伝子型　47-8
遺伝子にとっての進化　60, 69
遺伝的浮動　22
ウィーゼル（T. N. Wiesel）　161-2
ウイルス　13, 43, 61-3, 106
エソロジー　136-7
ATP　112-4, 123, 197
エネルギー　14-16, 24
　　化学反応における——　108-14
　　活性化——　110-1, 114
塩基の対合　36, 40, 216
オーゲル（L. Orgel）　204-5
オパーリン（A. Oparin）　195-6, 198-9, 211-2
オペラント条件づけ　133-4, 138, 142, 151
オルビー（R. C. Olby）　218
温度　108, 110

か行

化学結合　108-20
化学反応　15, 33, 107-13
核酸→DNA, RNA　参照
獲得形質の遺伝　20, 22, 27-8, 46-7, 50
隔離機構　81
カチャルスキー（A. Katchalsky）　198
カモ類（種分化）　80
体　27, 47-8
カラ類　78-9
機能

進化に伴う——の変化 99-100
生物学における——の意味 13-25
木村資生 95, 98
キャンデル (E. R. Kandel) 156
強化 134, 138, 141-2
キング (J. L. King) 95
屈性 (走性) 131-2
組換え 53-73
グラス (L. Glass) 166
クリック (F. H. C. Crick) 27, 36, 44
群淘汰 101-2
血縁淘汰 104-6
原核生物 60-2, 69, 72
減数分裂 68
コアセルヴェート 198-9, 211
交雑 65, 79-82, 99, 220
酵素 42, 55
　アロステリック—— 117
　触媒としての—— 111-20
　——と複製の精度との関係 203-6
行動主義 133-45
高分子物質 33
固定的動作パターン 136, 158
コドン 40-2
コリシン 222
昆虫 15, 71, 221

さ　行

細菌類 13, 60-6, 119
細胞質 40, 42, 61
　卵での——の分化 182
散逸構造 14, 126-7, 217
視覚野 161-8
始原生殖細胞 181

自己組立て 177
自然神学 16-7
自然淘汰 20-2
　組換えの進化と—— 57, 69
シナプス (構造) 155
　学習に伴う——変化 155-8
ジャコブ (F. Jacob) 31, 118
ジャボチンスキー (Zhabotinsky) 反応 183-4, 187
種 64-5, 77-82, 97, 221
重合体 33
　——の起源 197-8
ジュークス (T. H. Jukes) 95
シュスター (P. Schuster) 207
シュペーマン (H. Spemann) 179
条件反射 133
ショウジョウバエ 26, 32
　——の剛毛のパターン 189-90
　——の生殖細胞の起源 181-2
情報 28, 37, 44-6, 92
触媒 33, 48
真核生物 60-1, 65, 67, 72-3
進化論 18-24
神経伝達物質 155, 158
人工知能 148-50, 170-2
スキナー (B. F. Skinner) 133, 135-6, 141
スタートヴァント (A. H. Sturtevant) 32
スターン (C. Stern) 189-91
スパーウェイ (H. Spurway) 226
スピーゲルマン (S. Spiegelman) 201-3
性 53-73
　なぜ2つの——しかないのか 219-20
生殖系列 27-8, 45, 48

生態型 82
生得的解発機構 136
生命の定義 13-25
脊椎動物 15, 71, 75, 83-7
セグロカモメ 136
接合（細菌の）64, 69
染色体 31-2, 60-9
前成説 176
繊毛虫 52
増感 157
ソンネボーン（T. H. Sonneborn）52

た 行

大気（原始地球の）195, 226
代謝 13, 48, 107, 115-7
代謝物 33
大腸菌 65-6, 119
大脳皮質 159-61
ダーウィン（C. Darwin）18-22, 27, 29, 84-5, 89-90, 98, 129, 193
多面発現 32
ダルトン（J. Dalton）30
単性生殖 70-2, 80
タンパク質 15, 33-8
　——合成 41-6
　——合成の調節 117-20
　——の中立的進化 95-8
　能動輸送と—— 122
中心教理（セントラル・ドグマ）44-5, 50
中立突然変異 95-6
チューリング（A. Turing）182-4
調節 16
　塩濃度の—— 122
　水分の—— 124-5
　代謝の—— 115-20

チョムスキー（W. Chomsky）138
DNA 27, 33-52
　原核生物の—— 60-2
　——の進化に必要な時間 92-4
　——の中立的変化 97-8
ティンバーゲン（N. Tinbergen）136
デカルト（R. Descartes）129
適応 21-2, 24, 98
適応度 54, 56, 59
ドーキンス（R. Dawkins）59
突然変異 42-3, 48-9, 57, 82
トランスポゾン 61-3

な 行

慣れ 157
2倍体 67-9
ニューロン
　アメフラシの—— 156-9
　——の構造 154-5
認知地図 145-50
ネオ・ダーウィニズム 20, 50-2
能動輸送 122

は 行

配偶子 31, 70
ハイパーサイクル 207-12
バクテリオファージ 62
バトラー（S. Butler）59
パブロフ（I. P. Pavlov）133
ハミルトン（W. D. Hamilton）103-5
ハモンド（J. H. Hammond）132
非ダーウィン進化 22, 95-8
ビュフォン（G. L. Buffon）77, 79
ヒューベル（D. H. Hubel）161
表現型 47-8

ファージ 61-2
フィッシャー（R. A. Fisher） 104, 221
フィードバック抑制 116-7
フォックス（S. Fox） 199, 212
プラスミド 61-6, 69
　　——の利他行動 221-2
フリッシュ（K. von Frisch） 132
分化 52, 120, 180-1
分岐理論 83
分類 74-8, 82-4
ペイリー（W. Paley） 16
ヘモグロビン 124-5
　マメ科植物の—— 219
ヘルムホルツ（H. von Helmholtz） 168
変異 18-23
ホイル（F. Hoyle） 91
放射能 89
ポパー（K. Popper） 19, 21
ポリジーン遺伝 33
ポリマー→重合体　参照
ホールデン（J. B. S. Haldane） 20, 104, 195-7, 221

ま　行

マー（D. Marr） 164
マクリントック（B. McClintock） 218
マダラヒタキ 137
マラー（H. J. Muller） 32
ミツバチ（コミュニケーション） 132
ミトコンドリア 61, 67, 113-4
ミラー（S. Miller） 196, 211

メンデル（G. Mendel） 26-32, 139-40, 218
メンデレーフ（D. Mendeleyv） 75
網膜 161-4
モーガン（T. H. Morgan） 26, 32
モノー（J. Monod） 31, 118-20

や　行

ヤナギタンポポ 81
誘導（胚での） 179-80
ユリー（H. Urey） 196
葉緑体 61, 67, 114
用不用効果 20, 27, 45

ら　行

ライト（S. Wright） 221
ラマルク（J. B. Lamarck） 27, 50
利他行動の進化 103-6
リプレッサー 31, 119-20, 213
リボソーム 38, 40-1, 178
リンネ（C. Linnaeus） 77-9
連鎖（遺伝子の） 32
老化（の進化） 101-2
ロエブ（J. Loeb） 131-2, 135-6
ロールシャッハ・テスト 169
ローレンス（P. Lawrence） 184, 186
ローレンツ（K. Lorenz） 136

わ　行

ワイスマン（A. Weismann） 26-9, 45-6, 101, 179-81
ワイズマン（C. Weizmann） 198
ワトソン（J. B. Watson） 133, 135
ワトソン（J. D. Watson） 27, 36

本書は一九九〇年五月十日、紀伊國屋書店から刊行された。

ちくま学芸文庫

生物学のすすめ

二〇一六年二月十日　第一刷発行

著　者　ジョン・メイナード゠スミス

訳　者　木村武二（きむら・たけじ）

発行者　山野浩一

発行所　株式会社　筑摩書房
　　　　東京都台東区蔵前二-五-三　〒一一一-八七五五
　　　　振替〇〇一六〇-八-四一二三

装幀者　安野光雅

印刷所　大日本法令印刷株式会社

製本所　株式会社積信堂

乱丁・落丁本の場合は、左記宛に御送付下さい。
送料小社負担でお取り替えいたします。
ご注文・お問い合わせも左記へお願いします。
筑摩書房サービスセンター
埼玉県さいたま市北区櫛引町二-六〇四　〒三三一-八五〇七
電話番号　〇四八-六五一-〇〇五三一

© TAKEJI KIMURA 2016 Printed in Japan
ISBN978-4-480-09717-0 C0145